# 世界の士官学校

前防衛大学校国際教育研究官
太田文雄 著

芙蓉書房出版

# はじめに

士官学校とは、卒業後その国の軍幹部に任官する者を教育する機関である。

冷戦終結後、世界はグローバルな安全保障環境が促進され、各国の士官学校では将来の多国間活動の布石として諸外国との士官学校交流が盛んになってきている。日本も、特に今世紀に入ってから自衛隊の任務は、アラビア海における補給活動、イラクへの派遣、東チモール・ハイチ・南スーダンへの国際平和維持活動、海賊対処、パキスタンやニュージーランドへの国際緊急援助隊派遣等、海外における任務が急激に増加してきたことに伴い、防衛大学校でも国際交流を盛んに行うようになってきた。

士官学校交流には、さまざまなレベルがある。大学の四年間（当該国の語学教育を含めると五年間の場合もある）完全に当該士官学校の学生となって卒業後本国に帰ったのち本国の軍に勤務するもの、一学期間を相互に学生を交換するもの、一～二週間程度の短期研修、そして約一週間の国際セミナーやの参加で、これには教官を対象として行う場合もある。

筆者は二〇〇九年から二〇一二年までの間、防衛大学校の国際教育研究官として国際交流プログラムの司令塔的役職を、また実際には防大に奉職した二〇〇五年から上記の国際交流を具現化するため、これまで世界各国の士官学校を五〇以上歴訪してきた。主として当時の五百旗頭学校長と共に歴訪したのであるが、二〇一一年二〜三月にかけて南米の士官学校を歴訪している道中で、五百旗頭学校長から「これまで回った士官学校の情報を一冊の本に纏めたらどうか」と持ちかけられた。当初学校長と共著で出版する計画であったが、学校長は帰国直後に起こった東日本大震災の復興構想会議の議長に指名されて多忙になり、また二〇一二年春には学校長が交代したことから筆者のみで単著とすることとした。

したがって、本書は実際に訪問した士官学校で得られた情報を元に記述したが、訪問していない主要国の数校に関しては、二〇一一年七月に防衛大学校で行われた環太平洋士官学校長会議に参加した国の代表から得た情報や、防衛大学校から派遣された学生からの情報を元に記述した。

一言に士官学校と言っても千差万別である。カテゴリーに分けた場合、統合の士官学校か軍種別の士官学校に分かれ、期間で分けると一般大学同様約四年の長期と、主として大学卒業者を対象として行う約一年の短期とに別れる。これを組み合わせると四種類となるが、それらを組み合わせた混合型の士官養成システムもある。しかし記述した士官学校のうち、統合士官学校で短期はシンガポールのみであり、短期の軍種別は英国のみであるので、それぞれ統合と軍種別の中に含めた。本書では、こうしたカテゴリーを章に分けて紹介することとしたい。各カテゴリーにおける国の順番に関しては、英語呼称のアルファベット順に並べてある。

士官学校の国際交流の実態を見ると、国防省さらには、その国の防衛交流の縮図が窺い知れ

パキスタン海軍艦艇から補給後、敬礼を受ける海上自衛隊補給艦
（海上自衛隊提供）

て興味深い。例えば、中国とロシアは同じ上海条約機構の加盟国であり、共同訓練なども頻繁に行っているにもかかわらず、ここ約二〇年の中露間の士官学校交流は皆無とも言ってよく、実際に両国の軍事交流は緊密でないことが判る。

二〇〇一年から二〇一〇年までの間行われたアラビア海での洋上補給活動で、海上自衛隊の補給艦は主としてＮＡＴＯ諸国に補給を行ったが、最も補給回数が多かったのはパキスタン海軍の艦艇であった。イラクのサマワで陸上自衛隊が宿営した際、部隊防護を担ってくれたのが隣接するオランダの部隊であり、オランダが帰国した後は、オーストラリアが、さらにはイラク東南部地域全体を管轄していたのは英国であった。東チモールやハイチにおける国際平和維持活動では韓国の陸軍部隊と隣接して協力し合ってきた。これらの事実は、将来どのような国と協力して任務達成をしなければならないかは判らないことを意味している。今や一国だけでオペレーションが成立するような状況は一つだになく、東日本大震災に際しても米国との強力な共同作戦「ともだち」を始めとして、派遣されたオーストラリア軍や韓国軍とも共同行動することになった。

多国間協力の際には、習得すべき語学に関しても考えを及ぼさなければならない。アラビア海やイラクへの自衛隊派遣で、アラビア語の必要性が叫ばれて久しい。また海賊対処部隊の根拠地となった紅海入り口のジブチは、かつてのフランス植民地であり基地から一歩出れば人々はフランス語を話す。国際平和維持部隊を展開していたハイチもフランス語圏である。一九九〇年代前半に国際平和維持活動部隊を派遣したモザンビークや、二〇〇〇年代前半に派遣した東チモールはポルトガル語圏であり、将来発展するＢＲＩＣＳの一角を占めるブラジルもポルトガル語が公用語である。こうしたことから、勿論英語は必須ではあるものの、第二外国語としてアラビア語、フランス語、ポルトガル語等に堪能な幹部の育成も必要となってきている。

以上のような昨今の情勢から、諸外国とも異文化環境下における多国間オペレーションの必要性を認識し始め、地域の専門家や語学要員、他文化理解に長けた幹部の養成に努めている。米国の最新の『国家安全保障戦略二〇一〇年版』における「国際教育と交流の拡大」の項目には「国際交換プログラムを含む外国語と国際文化問題に詳しい教育を支援すべき」と書かれており、また同年に出された最新の『四年毎の国防計画見直し（ＱＤＲ）』でも「語学能力に長け、地域や文化に詳しい能力」が強調され、さらに二〇一一年に公表された『国家軍事戦略』

の中にも「語学と文化技能に長け、省庁間協力や多国間環境下での作戦ができるリーダーを育てる必要性」が書かれている。

米国の、こうした傾向の背景には、イラクやアフガニスタンにおける教訓、即ち異文化コミュニケーションを疎かにした反省が窺われる。例えば、イスラム社会では女性が肌を露出することを嫌うが、そこに西側の女性がビキニ姿でビーチを闊歩すれば反発が起こるのは必至であろう。米陸軍士官学校では、こうした反省に基づいてアフガン・イラク開戦後の二〇〇〇年代前半に戦略的コミュニケーション（Strategic Communication）担当官が設けられ、学校長の外国出張には随行することが多い。米海軍士官学校では二〇〇八年から（異）文化習熟プログラム（Culture Immersion Program）が履行され、二〇一二年秋には「米海軍士官学校戦略コミュニケーション・ガイド」が出版された。また昨今米国では戦略的コミュニケーションに関する学会が頻繁に行われているが、日本からの参加者のほとんどがメディアを研究している学者であるのに対し、米国の参加者は圧倒的に軍人が多い。

なお呼称法として、旧日本海軍の江田島の士官学校はかつて海軍兵学校と呼称していたが、本書で海軍の士官教育機関は、陸や空と統一して海軍士官学校と呼称することとする。軍種別士官学校としては、陸・海・空に区分できるが、旧ソ連の影響を受けたエジプト、ベトナムに関しては、空軍士官学校とは別に防空軍士官学校をも保有している。また海兵隊が独自の士官学校を保有しているケースはなく、海軍の士官学校で教育している。

写真に関しては、出典を明らかにしているもの以外は、訪問時に撮影、あるいは防衛大学校からの派遣学生が撮影した写真を掲載した。

最後に、本書に述べられた意見は、筆者個人のものであり、防衛大学校や防衛省の見解を代表するものではない。防衛省職員が部外に意見発表をする際「部外発表届け」を提出して事実上の検閲を受けなければならず、その過程において本書は防衛大学校上層部から相当な修正要望を受けたが、本心を記述したかったために敢て退官後に出版することとした。

# 世界の士官学校●目次

## 第2章　軍種別士官学校　29

# 第1章

# 統合士官学校

## 1　カナダ

カナダの統合士官学校であるカナダ王立軍大学(Royal Military College of Canada-RMCC-)は、トロントとオタワの中間で、オンタリオ湖に面したキングストンにある。キングストンには士官学校の上部組織であり、かつカナダ軍の教育を全て担当するカナダ防衛大学(Canadian Defense Academy)の司令部も存在する。

当校は一八七六年に設立されたが、第二次大戦中の一九四二年から一九四八年の間は閉鎖され、戦後に再度開校した。一九五九年に学位が取得できるようになり、一九六六年には修士号まで取得できる大学院が追加された。カナダには、いくつかの士官学校があったが一九九五年以降、RMCCが唯一の士官学校となった。カナダは比較的小さな軍であるので、カナダの統合士官学校は軍における通信教育を始めとして研究所の機能や、政府に対する技術・国際関係・防衛産業・教育に関するアドバイス機能をも保有している。

RMCCは世界の士官学校の中で最も防衛大学校に近い。統合士官学校は、他にインド、オーストラリア、シンガポール等があるが、インドは大学院教育を行っておらず、オーストラリアは学科教育を他の民間大学に委託しており、シンガポールは自衛隊の幹部候補生学校同様の短期教育である。

また、学校長(Principle)が文官であるところも共通しているが、カナダの場合、その上に学生隊や訓練をも統括する准将の司令官（Commander）がおり、士官学校のトップが軍人である世界共通の原則は崩していない。教官数は約一八〇名で、そのうち約三五名が現役幹部であることから、約二割が軍人ということになる。

学生総数は一〇〇〇名強で、四年制であるので一学年当たりの学生数は二〇〇名強である。

カナダ統合士官学校（2011年3月撮影）

国際交流に関しては、米国、フランス、そして二〇一〇年秋に防衛大学校から陸上要員が一学期間留学した。教育内容は、学業、軍事、体育、それにカナダの場合には二ヶ国語（バイリンガル）という項目が入る。倫理綱領としては誠実（Truth）、任務（Duty）、そして武勇（Valour）の三つである。

学生の二〇％強が女子で、陸・海・空要員の比率は、ほぼ5：2：3、理・工・文の比率は、ほぼ15：35：50と成っている。文：理工の比は、かつて2：8であったのが今日では、ほぼ5対5になっている。アナポリスの米海軍士官学校でも、筆者が交換教官を行っていた一九八〇年代には理工：文教育比が8対2であったのに、現在では6対4ぐらいになっている。その理由は、おそらく21世紀のグローバルな国際安全保障環境に対応していくために様々な文系素養を身につけなければならなくなったためであろうと推測される。

大学院の専攻には科学、工学、業務管理、人文の四課程がある。校内の工学館には実際の原子力発電機材があるが、カナダが原子力潜水艦を保有していないのにもかかわらず、こうした教育を行っているのは、米国の原子力潜水艦がカナダの軍港に入港した場合を考慮し、学生の素養として教育している。この辺は防衛大学校も見習うべきで、自衛隊幹部が原子力発電に関する素養を保有しているか否かで、福島第二原発への対応も、相当変わっていたのではなかろうかと思われる。

## 2 マレーシア

かつては十一年の民間学校教育の後、三年間の訓練を陸・海・空各訓練センターで行い、マレーシア国防総合大学（Malaysian National Defense University）で学士を取得する仕組みになっていた。例えば、海軍の教育訓練センターに関しては、一九三九年にイギリス植民地時代に創立、第二次大戦後、現在のシンガポールに設立されたが、一九八〇年に海軍基地であるムルトに移設された。

しかし、二〇一二年に陸・海・空軍士官全てがマレーシア国防総合大学で教育を受けることになったことから、カテゴリーとしては統合士官学校である。教育期間は一年間の準備期間の後、管理専攻が三年、工学専攻が四年、医学専攻が五年で、卒業前の六ヶ月のみ陸・海・空に分かれて要員別教育を受ける。軍種毎の教育から統合士官学校に移行した理由は、第一に学位が付与できること、第二に研究所が統合で運営できるメリットがあるためである。現在は、ＡＳＥＡＮを始めとする諸外国との交流を活発に行っている。

倫理綱領は、任務（Duty）、名誉（Honor）、誠実（Integrity）の三項目である。

## ３　モンゴル

首都ウランバードルに、モンゴル国防総合大学（Defense University of Mongolia-DUM-）と称する下士官から上級幹部までを教育する総合軍学校がある。モンゴルは一九一一年に中国（清朝）から独立後、何度か中国の侵入を許すが、一九二一年に革命グループがソ連の援助を受けて中国軍を撃破した。その革命グループの一人であったスフバートル将軍が国防総合大学を創立した。綱領は、愛国心、知識、勇気、忍耐である。

学校長は陸軍准将である。国防総合大学の隷下には次の八つの下部組織がある。①防衛研究所②管理大学（自衛隊の幹部学校に相当する中・高級幹部教育機関）、③指揮学校、④工科学校、⑤音楽学校、⑥外国語センター、⑦下士官学校、⑧幼年学校である。このうちの外国語センターでは九ヶ国語を教育している。

モンゴル国軍記念日における士官候補生のパレード（2011年7月撮影）

上記の③と④が防衛大学校に相当して高校卒業後の学生を四年間教育している。この二つの学校は、入校後二年間一般大学と同じカリキュラムで勉学のみを行い軍事訓練は行わない。その後三学年進級時に士官を希望する学生のみが試験を受け、選抜された者が二年間の訓練課程に入る。軍に入隊を希望しない学生は残りの二年間継続して勉学を行い、卒業後は一般企業等に就職する。女子学生は全体の一〇%強いる。学生舎は存在せず、学生は自宅や下宿等から通勤することになっている点が諸外国の士官学校と異なるユニークなところである。

①の防衛研究所の職員は八割が軍人、二割が文官である。⑤の音楽学校では四年間、演奏と軍事に関する教育を受け、卒業後は下士官として軍楽隊に配属される。⑦の下士官学校は軍曹になるための訓練学校で、期間は八ヶ月半、三十三種の専門教育がある。⑧の幼年学校は小学校卒業相当の若者が入校し、七年間普通学を学びつつ、将来の士官候補生として必要なリーダーシップや愛国心を育成する。卒業後は③の指揮学校か④の工科学校に進学するかを選択する。

モンゴルには海軍がなく、空軍の士官候補生も僅かに居るが、限りなく陸軍士官学校に近い統合士官学校である。国際交流に関しては、米、露、中、英、独、韓、トルコといった国々の士官学校と交換留学を行っている。

ソ連崩壊直後の一九九〇年代前半、経済的に最も疲弊していた時に経済援助をしてくれた日本の恩恵を、国の指導者は忘れておらず、大変親日的な国である。防衛大学校では一九九九年代前半からモンゴルからの留学生（一年間の日本語教育と四年間の本科教育）を受け入れ始めた。現在では、大学院に相当する研究科にもモンゴル留学生がいる。

筆者は二〇一一年七月にモンゴル国防総合大学に単身赴き、士官学校交流に関して当時のボルド国防大臣（二〇一三年春の安倍総理モンゴル訪問時には外務大臣）とも会談したが、その際通訳をしたり空港への送迎やエスコートをしてくれたのが、これらの卒業生であった。この時、これまで一方通行であったモンゴル国防総合大学との交流を、防大からも約一学期間、ロシア語を学ばせる学生を外国語センターに派遣することでモンゴル側と合意、二〇一二年に具現化に至った。

## 4　フィリピン

マニラの北方約五〇㎞のルソン島バギオに存在し、当地の高度は約一四〇〇ｍである。一八九八年に設立され、一九〇五年にはマニラの警察士官学校として、そして一九〇八年にバギオに移設された。一九三五年には学士取得が認められたが、一九四一年に第二次世界大戦のために閉鎖、一九四七年に再開され、一九五〇年に現在の位置に移り、一九九三年に女子の入校が認められた。

学校長は二〇一一年七月に防衛大学校で行われた環太平洋士官学校長会議の時に来訪したのが陸軍少将であったが、その二年前の二〇〇九年六月にシンガポールで行われた第三回会議の時の学校長は海軍中将であった。学校長は陸・海・空輪番で、階級も少将であったり、中将であったりするのであろう。

一学年の学生数は二〇〇~二五〇名で、陸・海・空の比率は大体50：25：25である。四年制であるが、最初の三年間は共通教育で四年生になる時に軍種が決まる。海軍に進む者の中には海兵隊に進む者もいるが、その数は一〇名以下である。一四〇〇ｍの高度の士官学校から海軍の訓練を受けるためには、近郊あるいはマニラ湾の海軍基地まで行く。二〇一一年までに約八一〇〇名の卒業生を輩出しており、米国、インドネシア、シンガポール、ドイツ、タイ、プエルトリコからの卒業生が約六〇名いる。

学校の組織は、学問を担当する教務部、戦術（軍事訓練）部、そして支援部の三つの部から成る。学生の倫理綱領は、米陸・空士官学校と同じく「嘘をつくな、騙すな、盗むな、それを行った者を見逃すな」である。

## 5　カタール

ペルシャ湾内のカタールは、秋田県ほどの面積で小規模だが裕福な国であり、かつ政治・外交・文化面で多方面に活躍し、例えばアルジャジーラを発信したり、米国のジョージワシントン大学やブルッキングズ研究所等を積極的に誘致している。また、中東和平や諸紛争地域の仲介を買って出ると共に地球温暖化問題を討議するＣＯＰ18のような国際会議を誘致したりして外交は積極的である。中東地域における米空軍の根拠地を持つと同時にイランとも有効な関係を保持している。

イラク復興支援時、航空自衛隊の隊員が米中央軍連合航空作戦センターに常駐した。筆者は二〇一〇年秋に単身訪問して、カタールにおけるアラビア語履修の数ヶ月派遣が最適と判断した。中東では、他にエジプト、オマーン、トルコを訪問したが、帰国直後から始まった「アラブの春」により殆どの中東諸国の政情が不安定あるいは政変があったことを考えると、数少ない安定的国家であったカタールの選択は間違っていなかったと思っている。

カタールの士官学校（Ahmed Bin Mohammed Military College-ABMMC-）は、首都ドーハから西に車両で約四〇分行ったカタールの国のど真ん中の砂漠に位置し、敷地は防大の約二倍ある。士官学校の名前となっている Ahmed Bin Mohammed はカタール独立時の英雄の名前からとった。学生数は約五〇〇名で一個大隊を編成、陸軍、警察、首長警護隊が主であり、

カタール士官学校での訓練風景
（2010年10月撮影）

女子学生は未だ居ない。海・空軍要員については最初の四ヶ月間基本訓練を当地で受けた後、英・仏等の諸外国に教育を委託しているので、純然たる統合士官学校とは言えないかもしれない。一九九六年に創設され二〇〇六年には卒業時に学士を授与する高等教育機関となり、二〇一〇年秋に訪問した際には敷地の至るところで諸施設が建設中であった。

校長は陸軍准将、その下に大佐の副校長と訓練部長、文官の教務部長がいる。専攻は情報技術、会計事務、経営学、法学の四つで、四年五ヶ月間の教育でトータル一三八単位を履修し、文学士（Bachelor of Arts-B.A.-）を付与している。但し四年次は英語の授業及びリーダーシップ論、そして軍事訓練のみである。アラブ諸国としては当然であるが、士官学校の敷地内には礼拝堂（モスク）があり、学生は一日五回の礼拝を行う。

国際交流としては、リビア、サウジアラビア、アラブ首長国連邦、オマーン等の中東諸国からの長期留学生を数名受け入れている。一学期の国際交流は行っておらず、短期のみ欧米主要国と実施している。防衛大学校にも二〇一一年と二〇一二年、短期にカタールから学生が派遣された。士官学校での授業は、全てアラビア語で英語の授業はない。

カタール側は日本との交流に意欲的であり、士官候補生交流を行うには適切と判断、二〇一一年から防大のアラビア語を第二外国語として専攻している学生を二名、三～四ヶ月、士官学校に宿泊させ、首都ドーハ近郊の国軍語学学校でアラビア語を研修させている。国軍語学学校は学校長が陸軍少佐でアラビア語の他にペルシャ語、フランス語、英語（カタール国軍において大佐以上に昇任するためには英語の素養試験が必須）も教育している。アラビア語のレベルに応じ五つのコースがあるが、期間は四ヶ月が標準である。

## 6　シンガポール

国土面積が狭隘なため、士官候補生から大尉までの第一段階、大尉から少佐までの第二段階、少佐・中佐レベルの第三段階、そして中佐以上の第四段階の教育を全て一つの敷地内に収め、シンガポール国軍訓練機関（Singapore Armed Force Training Institute-SAFTI-）と称して集約している。ＳＡＦＴＩの長は准将で士官学校長は大佐である。

人口約四〇〇万人のうち、軍は常備約五万、予備約三〇万の兵力で、ＧＤＰの四～五％を国防費に投入しているシンガポールは徴兵制をとり、十八～二十二歳の間に二年間の軍訓練を受

SAFTIの塔から博物館・記念館、そしてシンガポールの全貌を見渡す（2009年6月撮影）

けなければならない。このため全国で三つしかない大学を卒業してくる学生に、基礎軍事訓練学校（Basic Military Training）で行われる基礎訓練を三ヶ月間受けさせ、それを終了したトップ五～一〇％の学生を強制的（女子は徴兵制度が適用されないため希望者のみ）にSAFTIにある士官候補生学校（Officer Cadet School）か、別の場所にある特殊職域士官候補生学校（Specialists Cadet School）に進ませることになっている。士官候補生学校で成績不良となった者に関しては退校させられ、下士官として勤務する。

　SAFTI敷地内には陸軍博物館や記念館（セレモニアル・ホール）なども存在し、セレモニアル・ホール中央のガラスケースの中には剣と松明（Sword and Torch）が置かれている。「剣」は軍人の本質や力、闘う意思を、「松明」は価値や理想、目標をそれぞれ表しており、この二つの象徴は当校の校章として使用されている。またホール側面の名誉目録（Honor Roll）には殉職士官の名が刻まれている。

　士官学校に在籍する学生総数は約一五〇〇名であり、入校時期は、毎年七月、九月、十二月、三月の年四回である。陸・海・空の統合訓練は入校期間中である最初の二週間と最後の三週間のみであり、それ以外は要員毎の訓練を受ける。学生は十二個のＷｉｎｇ（小隊規模）に分けられており、陸が一〇個のＷｉｎｇ、海、空がそれぞれ一つのＷｉｎｇを保有している。ちなみにシンガポール国軍における陸海空の士官比率はそれぞれ八五、一〇、五％である。

要員別訓練は、陸軍がブルナイのジャングルでレンジャー訓練を含む一ヶ月間の訓練を行い、海軍はタイ、マレーシア、オーストラリア及びインドネシアを巡る国外巡航並びにチャンギ海軍基地における実習を、空軍については国内に五つある空軍基地での実習を行っている。従って約九ヶ月の課程中、一般教養等の講義類は一切無く、全てが軍事に関する専門教育である。士官学校卒業後、海、空軍についてはそれぞれの職種の専門的な学校へ引き続き入校する。

士官学校の基本方針は「指導すること（To lead）、秀でていること（To excel）、打ち勝つこと（To overcome）」とされている。さらにリーダーの在り方を記した七つの中核となる価値観（Core Value）には、国への忠誠心（Loyalty to Country）、リーダーシップ（Leadership）、規律（Discipline）、職業意識（Professionalism）、闘争心（Fighting Spirit）、倫理（Ethics）、部下への配慮（Care for Soldiers）であり、これらを育成するための教育が行われている。

シンガポールは、近年のアフガニスタン、イラク、そしてアデン湾での海賊対処作戦の教訓を踏まえ、多国間かつ省庁間協力を重視し、特にマラッカ海峡の海賊対処に関してはチャンギ海軍基地に情報センターを設置している。

二〇〇九年六月に訪問した際には、防衛大学校卒業生が奥さんも連れて約三〇名集まった。しかし、防大に留学生を送ると、最初の一年は日本語教育、本科四年、さらに軍種毎の幹部候補生学校教育と、任官までに合計六年近くの年限がかかり、英・米諸国に留学した学生と比較して進級が遅れてしまうためか、最近ではシンガポールから防衛大学校に留学生を送らなくなってきた。それでもシンガポールはインド大陸とアジア大陸の交差点にあり、情報の宝庫であることから、防衛大学校では短期交流でも良いので学生派遣を継続している。

## 7．米国の州立士官学校（Virginia Military Institute-VMI 等）

陸のウエスト・ポイント、海のアナポリス、空のコロラド・スプリングスは連邦政府が設立した士官学校であるが、これ以外に州立の士官学校がアメリカには存在する。

代表的かつ伝統があるのがヴァージニア・ミリタリー・インスティツート（ＶＭＩ）である。一八三九年に、平時は健全な市民は有事、有能な軍人たり得る「Citizen Solider」を養成することを目的として設立、「南のウエスト・ポイント」とも呼ばれており「もし南北戦争で南軍が勝利していたらＶＭＩが連邦政府の陸軍士官学校となっていた」という意味を込めている。南北戦争後一時閉鎖されたが、一八六五年に再興した。ＶＭＩは、その名の通りヴァージニア州のレキシントンにあり、マーシャル元帥やパットン将軍を輩出、校内には南北戦争の南軍の

VMI の学生舎。入口に「ストーン・ウオール」ジャクソン将軍の石像がある（2011年防大から1学期派遣された学生が撮影）

英雄「ストーン・ウオール」ジャクソン将軍の銅像が学生舎前にある。

ＶＭＩ以外にも州立士官学校としては、テキサス州にテキサス・ミリタリー・インスティツート（ＴＭＩ）、ノース・ジョージア州立大学、サウス・カロライナ州にあるシタデル（The Citadel）などがある。シタデルは一八四二年に設立され、一九九九年九月に当時のブッシュ大統領候補が「軍の変革」に関する演説を行った場所として有名である。また私立の軍事大学としてはヴァーモント州にノーウィッチ（Norwich）大学がある。ノーウィッチ大学は嘗てオーストラリアの統合士官学校に一学期間学生を派遣していた。

これらの大学は一般大学と同じであり、他の士官学校と異なって学費を支払うか、あるいは卒業後に軍役に就くことを宣誓して学費の支給を受けるかのどちらかである。ＶＭＩ卒業生でも実際に軍の道に進むのは五〜六割程度で、それ以外は官界や実業界に進む者も多数いる。教育は一般大学とほぼ同じであるが、週に二回（座学と実習一回づつ）軍事訓練が組み込まれ、さらに年に数回、週末を利用して野営訓練や演習を行う。週末に訓練を行うのは授業時間に影響を与えないようにするためである。また週に二回のかなり厳しい体力練成が義務付けられている。授業時間は、米国の三軍士官学校同様一時間弱である。

ＶＭＩの学校長は退役した陸軍大将が、またシタデル校長は退役空軍中将が、退役時の階級の制服を着て教育に当たっている。教官も同様に退役軍人が、退役した時の階級章を付けた制服を着用している。

学生は一クラス約五〇〇名入校するが、その後の減耗で四個学年での総数は約一五〇〇名となり、陸・海・空全ての要員がいる。女子学生は、全体の約一〇％、国際交流も、日本以外にドイツ、フランス、韓国、タイ等と行っている。学科数は十四あり、理工系・文系が混在している。連邦政府の陸・海・空士官学校のうち、ウエスト・ポイントの陸軍士官学校のみ日本語を第二外国語として教育していないが、州立の軍学校はＶＭＩにしてもＴＭＩにしても日本語を教えている。しかしＶＭＩでは二〇一五年に、この日本語学科が中国語学科になる予定である。

ウエスト・ポイントでは、日本語を教育していないため、親類が日系人であるとか高校で日本語を履修したという学生が毎年せいぜい一名しか防衛大学校と一学期交換ができないことから、防衛大学校では二〇一一年からＶＭＩにも一名陸上要員を派遣し始めた。ＶＭＩからも二〇一二年秋学期防大に派遣され、筆者が英語で教えていた二つのコースを採ったが、極めて優秀な学生であった。

州立の軍事大学には、ＶＭＩもそうであるが、敷地内に予備役士官訓練隊（Reserve Officer Training Corps-ROTC-）の支所があり、軍が学費を出して大学教育を受けさせ、学士を取得して卒業した後は一定年限、軍に勤務するという一八六八年に制定された制度と一体となって運営している。ＶＭＩは、ＲＯＴＣの中の上位校六校の一つである。ＲＯＴＣ出身者は米陸軍士官の約四割を占め、パウエル統参議長もＲＯＴＣ出身である。

第2章

# 軍種別士官学校

# 1　ブラジル

## 1．陸軍士官学校

サンパウロとリオデジャネイロのほぼ中間に位置し、リオからは約一七〇㎞ある。一八一一年、ポルトガル王朝時代リオに設立されたが、以後この地に移動、二〇一一年で創立二〇〇周年を迎える。一九六四年からの軍政では大統領も派出している。学校長は少将で、在任中に中将への昇任者も存在する。ポルトガル王朝時代からの古文書を保存する図書館や絵画が荘厳なホールに存在している。

一五～二〇ヶ国から留学生を受け入れており、中南米諸国が主ではあるが西アフリカ諸国や米国からの学生もいる。外国語教育は英語とスペイン語のみである。学生総数は約一七〇〇名で四年制であり、女子学生はいない。

## 2．海軍士官学校

リオ国内空港の隣に位置し、景勝地ポン・デ・アスーカルを臨む海岸沿いにある。校長は少将である。ポルトガル王朝時代の一七八二年に設立したが、ナポレオンのポルトガル侵攻時の一八〇八年に一時船に移籍している。組織は大佐の副長の下、教育部、管理部、学生隊の三つがある。さらに教育部には、科学技術教育科、社会科学教育科、職業発展（海事）科、そして

ブラジル陸軍士官学校の食事前風景(2010年2月撮影)

景勝地ポン・デ・アスーカルと海を臨む風光明媚な海軍士官学校キャンパス(2010年2月撮影)

ブラジル空軍士官学校が保有する広大な農園(先方ブリーフィングのスライドから)

教育支援科の四つの科がある。教務部長は二〇一一年に訪問した時、退役海軍少将の文官であった。隣接する海上訓練施設には練習船が数隻係留してあった。

学生総数は約八五〇名で、女子学生は入れていない。四年の学科教育と一年の訓練で合計五年制をとっている。五年目には六ヶ月の練習航海が含まれる。三軍の中では最も学科教育に力を入れているように思われ、学位保有の文民教官も多い。教官数約一四〇名のうち、ほぼ半数が文民教官である。

短期交換として、南米、西アフリカの国々、それに米国と交流を行っているが一学期交換制度は確立していない。二学年進級時、兵科、海兵隊、補給の三職種を選択することになっており、専攻科目では七つのコースがある。語学教育は英語が必須の外、フランス、イタリア、スペイン語等は課外活動で履修している。

### 3．空軍士官学校

サンパウロから北へ約二五〇kmに、滑走路を三本と航空機を約一〇〇機保有するキャンパスを持ち一九四一年に設立されている。広大な敷地に農園を営んでおり、その組織の長は軍人が務めている。学校長は少将であり、学生総数は約九〇〇名で四年制である。女子は全学生の一〇%強で、ブラジルの三軍士官学校の中で女子がいるのは空軍士官学校のみである。パイロット、管理、基地警備の三コースに分かれているが、基地警備職種に女子は行くことができない。海外からの留学生は、中南米から約一〇名を受け入れており、外国語教育は英語とスペイン語のみである。

全般的に空軍はブラジルにおいて特別な役割を担っている。即ち広大な国土での輸送便を提供しており、郵便局まがいのことを実施するとともに、世界的に有名な宇宙航空機産業「エンブラエル」設立時の技術的基盤を提供している。また各空港における航空管制も空軍の任務となっている。二〇一一年に訪問した時点で、空軍司令官はサイトー大将という日系人であった。こうした関係から二〇一一年度の防衛大学校国際士官候補生会議には、同校から学生を一名招待した。

## 2　カンボジア

陸軍に関してはトマチューンという場所に歩兵中心の陸軍訓練センターが内戦終結後の一九九四年に設立され、一学年約一〇〇名、四年制であるため総計約四〇〇名の学生を教育している。また砲兵や技術職種といった他の職種を教育する訓練センターが一学年約二〇〇名、四年制で数百名の学生を教育している。

海・空軍の訓練センターも別途存在するが、上記は職能訓練的な色彩が強く学術的にはどの程度の教育を行っているかは疑問である。

士官教育の中心となっているのはプノンペン郊外にある国防総合大学であり、もともと一九

立って説明しているのは国防大学校部長で防大42期のカンボジア軍准将（2011年9月撮影）

五四年に設立されたが、内戦のため二度閉鎖され、一九九七年に三度目の設立を王立カンボジア学院（Royal Cambodia Academy）の名称で立ち上がった。二〇〇六年に国防総合大学（National Defense University）と改称して現在に至っている。ここは初級幹部を一～四年間教育している軍事ＩＴ・後方会計大学と社会科学・語学大学、中級幹部を一～二年教育している指揮・幕僚大学と軍事心理教育大学、そして上級幹部を一～二年教育している国防大学（National Defense College）の五つの単科大学を傘下におさめており、学生数は全部で八〇〇名程度、教官は約七〇名いる。

国防総合大学の校長は陸軍中将で、その下に少将の副校長が三名、その下に各部長が准将で存在するが、そのうちの一名は防衛大学校の四二期生であった。訪問した二〇一一年の時点で、防大の四二期生は最も優秀な者でも二佐であり、カンボジア軍の階級インフレーション気味が伺われる。

## ３　チリ

チリは太平洋に面した海洋国家であり、過去二回の訪問を通じて、海洋国家らしく約束を良く守る気質を感じた。チリの三軍士官学校長は全て大佐であるが、二〇一一年に訪問した時には、三軍士官学校とも上司である各軍の教育局長（少将）が同席した。

### １．陸軍士官学校

首都サンチャゴ市内に位置する。創立は一八一七年で約二〇〇年の歴史を持っており、校内には立派な博物館や彫刻品がある。軍事政権時のピノチェト大統領は、本校の卒業生である。学生総数は約七五〇名。女子が約二〇％を占める。四年制で、一般大学からも教官を招聘している。

国際交流に関しては、派遣しているのが九ヶ国、受け入れが十一ヶ国で、陸軍士官学校としては、他国や国内の他軍種士官学校に比べ極めて積極的である。外国語教育は英語が必須で、選択として仏、独、ポルトガル語を履修することができる。

### ２．海軍士官学校

首都サンチャゴから西へ約二時間車で行った海岸の町ヴァルパライソに位置している。一八一八年に練習船内に創立、一八九二年に同じヴァルパライソにはあるが現在は海軍博物館となっている建物に設立され、一九六七年に現在の建物に移設されたので約二〇〇年の歴史を持っている。士官学校の名前は一八七九～一八八四年に行われた対ペルー・ボリビアとの太平洋戦争におけるイキケ海戦の英雄アルトゥーロ・プラットからとっている。アルトゥーロ・プラットは単に海軍だけでなく国民的英雄で、チリの最高額紙幣一万ペソ紙幣の顔ともなっている。校内のミュージアムには東郷元帥ゆかりの品も展示されていた。

学生数は一学年約一五〇名であるので合計約六〇〇名で、そのうち約二五％の約八〇名が女子である。女性は優秀なのか、観閲したパレードでは六個中隊のうち、四個中隊の学生長が女子学生であった。四年制で、一年生は海軍士官としての共通基礎教育を行い二年になる際に、水上艦艇、海兵隊、補給、沿岸警備隊の四職種に分かれて二学年終了時点で学士が与えられ、卒業後約六ヶ月の遠洋航海を行う。教官の数は約八〇名で、この他に指導官等の軍人が約三〇名、支援要員が約三〇〇名いる。

国際交流としては、コロンビア、ホンジュラス、エルサドバドル、米国、エクアドル、パナマ等から留学生を受け入れている外、交換プログラムとして、米海軍士官学校、ペルー、エクアドル、アルゼンチン、ブラジルの各海軍士官学校と行っている。外国語教育は英語の他にフランス語を履修しており、英語に関して海外派遣学生はＴＯＥＩＣ換算で七〇〇点取得する必要がある。

チリ海軍士官学校からは二〇一一年に防衛大学校で行われた環太平洋士官学校長会議に招待

チリ陸軍士官学校長が「日本の防大に行きたい者？」と問うと一斉に手を挙げた学生達(2011年3月)

海軍士官学校で我々訪問者のために行われたパレード(2011年3月撮影)

空軍士官学校内の飛行場に駐機している練習機T－35(2011年3月撮影)

（少将の海軍教育局長が参加）すると共に、同時に教官を対象に行われた国際防衛学セミナーにも中佐の教官一名を同校から招待した。

### 3．空軍士官学校

サンチャゴの中心から南に一時間弱の所に位置している。学生は約四〇〇名で四年制である。チリ空軍の創設は英国、フランスに次ぎ世界で三番目、第二次大戦前の一九三〇年であったが、士官学校そのものの創立は一九一三年である。

学生総数は約四〇〇名で、女子学生が約二〇％を占め、外国語教育は英語のみである。国際教育に関しては三軍の中で最も不活発であり、教官をスペインや米国から呼んでいるが、留学生は訪問した二〇一一年時点で一名のみである。

校内に飛行場を持ち、約三五機の練習機を保有しており、訓練とりわけ飛行教育に力を入れている。パイロット適正検査のソフトは英国で開発されたものを使用し、シュミレターとの併用により成果を上げている点は見習うべきである。

## 4　中国

建国後の一九五三年に、士官学校はハルビンに一つあるだけであった。これが一九六〇年代には約一〇〇に専門・細分化した。以後、文化大革命によって士官学校教育は殆ど機能停止の状態になる。一九九〇年代に至って、これらを統廃合しようとする動きが巻き起こり、現在士官学校数は減少の一途を辿っている。

現在残っている士官学校は陸軍が六つ（中央軍事委員会直属の国防科学技術大学と、総参謀部隷下の理工大学、信息工程大学、解放軍陸軍士官学院、装甲兵工程学院、後勤工程学院）、海軍が二つ（武漢の工程大学と大連の艦艇学院）、空軍が二つ（西安の工程大学と長春の航空大学）である。

この生き残った強い士官学校の中でも特に強力な士官学校を「大学」、英語名でUniversityと呼称し、他の「学院」、英語名はAcademyと区別している。「大学」は、陸軍に三つ（国防科学技術大学、理工大学、信息工程大学）、海軍は武漢の工程大学、空軍は西安の工程大学と長春の航空大学のみである。ただ現在は未だ、統廃合の過程にあると考えなければならない。

中国には、陸・海・空全て専門に別れた士官学校があり、防衛大学校のカウンターパートを探すのに一苦労する。二〇〇八年に中国を訪問した当時の五百旗頭防衛大学校長が総参謀部の軍種・教育・訓練副部長の刑偉陸軍少将を尋ねて防大のカウンターパートを指定して貰いたい旨述べたところ、彼は即座に、陸は江蘇省南京の理工大学、海は遼寧省大連の艦艇学院、空は吉林省長春の航空大学を指定した。

以後、防大との短期交流が始まったが、まず中国で二〇〇九年からほぼ隔年で実施される国際週間に防衛大学校から陸と海の要員が各二名招待され、二〇一二年の春には長春の航空大学からも二名航空要員の招待があった。中国はほぼ隔年で国際週間を開催しているため、国際週間がない年に関しては、防衛大学校から陸・海・空の学生と引率教官が南京、大連、長春の各士官学校を歴訪することとなっていたが、二〇一〇年に出発直前の九月、尖閣諸島沖で中国漁船が海上保安庁の巡視船に体当たりする事案が発生し、在京の中国大使館から訪問延期の申し入れがあった。

中国の軍学校は中央軍事委員会直属の国防総合大学（北京に所在）と国防科学技術院（湖南省長沙に所在）、総参謀部隷下の他の軍学校に大別できる。学校長は国防総合大学が大将、国防科学技術学院が中将であり、総参謀部隷下の大学・学院長の殆どが少将であるのと一線を画している。

士官学校への外国人留学生は緒についたばかりであり、二〇一一年から理工大学と大連の艦艇学院、そして医科大学が一年間の中国語教育に加えて四年間の本科教育を開始した。派遣している国はベトナム、カンボジア、ラオス、モンゴル、東チモールといったアジア諸国の外、ジンバブエといったアフリカの国が多い。理工大学では訪問した二〇一一年の時点で、十六名の外国留学生を教育していた。なお省庁間交流については、信息工程大学が電信会社等と交流している以外、見るべきものはない。

また士官学校ではなく、中・上級幹部を教育している南京陸軍指揮学院（陸上自衛隊幹部学校に相当）では、メキシコ、ペルー、エクアドル、ブラジルといった中南米の国々に加え、アンゴラやギニア・ビザウといったアフリカから学生が派遣されている。不思議なことに、同じ上海条約機構メンバー、とりわけロシアとの交流が途絶えている。ここに同じ上海条約機構の一員でありながらも、それほど緊密でない中露軍事協力関係の一端を垣間見ることができる。

二〇一一年十月に南京の理工大学で「中国・外国軍学校シンポジウム」が行われ、筆者は防衛大学校長の代理として参加したが、二〇一二年九月には長春の航空大学でも「中国・外国空軍学校長フォーラム」が開催された。二〇一二年十月には海軍でも同様の国際会議が計画されたが、実施一週間前になって急遽中止された。実施に至った陸・空両国際会議のテーマは「情報化時代における軍幹部の養成」であり、人民解放軍がいかに情報化時代に対応した幹部の養成を行っているかが伺われる。

南京陸軍指揮学院で習字を習っている中南米・アフリカ諸国の学生達（2011年10月撮影）

通常、士官学校内の管理組織は四つの部に分かれており、教育・訓練を掌る第一部、政治（人事）を掌る第二部、ロジを掌る後勤部、そして研究・開発を掌る第四部から成る。

中国の士官学校では、一般的に学生が自主自律の下に規律が維持されているというよりは指導教官の監督が強く、罰則に触れなければ、あるいは指導官に見つからなければ規律違反をしても良いといった風潮が強い。なお、中国では士官学校における女子学生の歴史は意外と古く、一九五〇年代から存在していた。

### 1．陸軍

南京理工大学の学校長は少将で、学生数は本科が一学年約一七〇〇名であるので総数は約六〇〇〇名、それに大学院が学生数五〇〇〜六〇〇〇名おり、学生総数は約一万人である。教官数は約一二〇〇名で九割が現役軍人、その他が文官である。南京理工大学は通信工程学院、指揮自動化学院、兵工程（工兵）学院、気象学院、及び理学院（研究所）の五つの機関から構成され、中心、双龍街、標営、岔路の四つのキャンパスに分かれている。女子学生は全体の約二〇％を占めている。

学科数は、通信、情報、気象、土木等四八、綱領は「忠誠（Loyalty）」、「博識（Erudition）」、「卓越（Excellence）」の三つであるが、これに加え学校精神の標語として尊師重教、団結奉献、求是創新が掲げられている。教場には居眠り対策として監視カメラが設置されている。また、図書館ではテレビやインターネットを見ることが可能であるが、テレビは国営の中国中央テレビ（ＣＣＴＶ）のみでインターネットにも規制が強く掛っており情報統制が行われている。

筆者が理工大学を訪問した二〇一一年十月には、心理訓練と呼称する恐怖心克服の訓練を展示してくれた。訓練は、地上十一ｍの高さの専用の施設で綱渡りや足場から足場への移動を行う内容である。

また中央軍事委員会隷下の国防科学技術大学も理工大学と同じような任務を持っており、学生数は約一万人いる。

総参謀部隷下の他の軍学校に関しては、まず情報工学大学は河南省鄭州にあり、前身は一九三〇年代に設立され、現在の海軍司令員呉勝利海軍大将や二〇〇〇年代初頭総参謀部の第二（対外・インテリジェンス担当）部長熊光楷《ゆうこうかい》陸軍中将などを輩出しているが、一九九一年の湾岸戦争で米国の情報戦能力に瞠目、一九九〇年代後半に設立された。敷地面積三〇〇ヘクタール、学生数約一万人、教官数約一二〇〇名で発展しつつある情報化時代を担っている。情報化時代を担うため、学生は単に陸軍の士官候補生だけでなく、海・空軍の士官候補生もおり、最近は陸の学生が減り、代わりに海・空の学生割合が大きくなっている。また、電信電話会社等軍以外のソースからも学生を入れて軍民協力を実践している。教育は単に情報面だけでなく、訓練も三〇〇km行軍を行ったり、一〇〇に及ぶクラブをもって活動を行っている。

南京にある中国人民解放軍理工大学
（2011年10月撮影）

装甲兵工程学院は北京に所在し、学生数は約一万名、教官数は研究所を抱えていることから約六〇〇〇名いる。

後勤工程学院は重慶にあり、ロジスティックス工学として土木や燃料、施設といった職種の学生を教えており、学生数約五〇〇〇名、教官数約一二〇〇名である。

陸軍士官学院は安徽省合肥に所在、前身は一九八六年に設立、一九九九年に名称変更したが、二〇一一年、現在の名称となっている。修士・博士課程を持ち、約五〇〇〇名の学生と約六〇〇名の教官を抱えている。

## 2. 海軍

海軍には、水上艦艇乗り組み士官を養成する遼寧省の大連艦艇学院の外、山東省青島にある潜水艦学院、湖北省武漢にある工程大学（機関学校）、広州にある兵種（武器）指揮学院、山東半島煙台にある航空工程学院、江蘇省南京にある指揮学院、天津にある後勤学院、遼寧省胡芦島にある飛行学院がある。

人民解放軍総参謀部が防衛大学校との交流のカウンターパートとして推薦してくれた大連艦艇学院は、毛沢東の指導の基に一九四九年に最初の人民解放軍海軍の士官学校として設立された。校内の歴史館には、その後一九五四年までを開拓期、その後一九六六年までを形成期、以後の文化大革命期間である一九七六年年までを改革期、そして一九七八年から今日までを総合発展期と位置づけている。歴史館には人民解放軍海軍唯一の海戦であるベトナムとの西沙諸島戦（一九七四年）と南沙諸島戦（一九八八年）の交戦模様が展示されている。

学校の編成は少将の学校長、上級大佐の副校長の下、訓練部、政治部（一九九〇年代に海軍の政治教育部門をも統合)、後勤部、研究部で各部長は上級大佐である。女子学生の割合は約一〇%である。

大連艦艇学院には本科(自動工学、情報工学、航海工学、軍事海洋学、測量工学、地図・地理情報工学)と称する四年間の大学教育の外、修士号(軍事学、工学、理学、法学、教育学)や博士号(軍事学、工学、法学)をも取得できる大学院教育も実施している。学科の内容を一瞥してもアカデミックというよりはプロフェッショナルな内容である。

大連艦艇学院の全景。四つの校訓文字が見える(2012年7月防大からの派遣学生が撮影)

士官候補生は約二〇〇〇名であるが、これに修士・博士課程を加えた約六〇〇〇名の学生が学んでおり、卒業生の総数は約四万人に、このうち約一〇〇名が将官にまで昇進している。そして現在海軍士官の約八五%が同校の卒業生であるということから「海軍士官の揺りかご」とする学校の説明も頷ける。

筆者が大連艦艇学院を訪問した二〇一二年九月の時点で海軍司令員であった呉勝利海軍大将も、同校の卒業生で歴史館には写真が掲載されており、かつ彼は一九九四年～一九九七年までの間、同校の校長も務めている。

大連艦艇学院の国際週間に二〇〇九年に防衛大学校から派遣された学生達の印象によれば「学生舎生活は、学生の自主自立というよりは、むしろ教官中心の管理による指導が強烈で抑圧的であった。教官は全て海軍軍人で、中には博士号や修士を持っている士官がいた。教務内容は殆ど初級海軍士官に必要な職能教育であり一般教養は殆どなかった。しかし即戦力となるシュミュレーターを駆使した航海・砲術訓練等の訓練施設は防大より遥かに充実している。愛国心だけは強烈であった」と、また二〇一二年に短期派遣された防大生は「授業のレベルは防大と大差ないが、職務に直結する専門的技術や軍事科学といった即戦力となる知識のみで社会科学分野や一般素養のレベルは低く英語以外の語学を学びたければ独学となって、学生間の素養に格差が存在する」との印象を述べている。

二〇一二年には二回目の国際週間が行われ、韓国、日本、オーストラリア、イギリス、イタリア、ドイツ、パキスタン、トルコ、アメリカの計九ヶ国の海軍士官候補生が参加した。この外にも、これまで約一〇〇名の外国人学生を教育している模様である。

大連艦艇学院の校訓は「献身（Dedication）」、「厳格（Strictness）」、「団強（Strenuousness）」、そして「求実（Truthfulness）」であり、さらに艦艇学院における三本柱は三根と呼ばれる、入学後からの基礎訓練、集団活動、政治倫理教育及び文化活動からなっている。

二〇一一年七月に防大で行われた環太平洋士官学校長会議には煙台の航空工程学院長（少将）が参加した。学校紹介によれば、同学院は一九五〇年に設立され、第一期となる一九五九年までは、中国海軍の任務が沿岸防衛であったことから砲兵の育成に重点が置かれた。第二期である一九六〇～一九八五年までは、主として海軍のミサイル要員を教育、第三期である一九八六～一九九八年までは航空・飛行要員の教育に重点が注がれた。この期間に卒業生には学士が取得できるようになると共に大学院も併設された。第四期である一九九〇年以降は艦艇による航海訓練も追加されると共に、博士課程も設けられるようになった。この第一期から四期までの発展過程を見ると、それぞれの時代における中国海軍の重点が窺い知れて興味深い。

航空工程学院は十五の学科と十二個学生隊で組織されている。ブリーフィングの項目には、将来の開拓分野として、統合（Joint）と共に国際的な軍事組織との交流、という項目があった。後者について現在実施しているプログラムを聞いたところ、現在は限られているが、将来は相互訓練や講義の実施、それに人事交流を行いたいとのことであった。

### 3．空　軍

空軍には主としてパイロットを養成する長春の航空大学と、パイロット以外の職種士官を養成する陝西省西安の工程大学が主な士官学校である。

長春の航空大学の前身は一九四六年に人民解放軍によって設立された東北旧航空学校と呼称される東北民主連合軍の航空学校であり、二〇〇四年に元の空軍航空大学（College）、長春飛行学院、第七飛行学院の三つの機関で、現在の航空大学（University）を形成した。

学校長は少将であり、学生数は約四〇〇〇人、女子は約三〇名で、パイロット学生がほとんどを占めている。四年間の教育期間中、一学年時約一〇〇〇人の学生が入校してくるがパイロ

長春の航空大学正門付近（2012年5月、防衛大学校からの短期派遣学生が撮影）

ット適正や飛行訓練等選抜の課程で約五〇%の学生がパイロットから淘汰され、卒業時のパイロット訓練生は約五〇〇名になる模様である。パイロット・コースから脱落した学生はエンジニアリング教育を受けて、他の職種の幹部となる。教育内容は航空機運用に直結したエンジニアリングと飛行訓練を中心とした軍事教育の二科目のみである。航空大学では、陸・海・空軍のパイロット全てを教育すると共に、大学院や軍事シュミレーション技術の研究を行う研究所の他、実験棟や図書館も有している。

航空大学隷下には、基礎訓練基地と飛行訓練基地、それに飛行教官と士官候補生のための高度な訓練を行う飛行訓練基地の、計三つの訓練基地がある。養成されたパイロットは民間の企業または軍に所属する。四年間教育のうち、初めの一年八ヶ月は基礎訓練基地において基本の教養と訓練を受け、残りの二年四ヶ月を大学で過ごし、専門教育や飛行訓練を受けることになっている。

外国との交流状況については、英国、フランス、ドイツ、イタリア、オーストラリア、カナダ、トルコ、タイ、パキスタン、韓国との交流があり、留学生も受け入れているが、国際交流週間として、同時期に多数の国から士官候補生を受け入れるのは二〇一二年五月のプログラムが初めてである。また、二〇一二年九月には「中国・外国航空士官学校長フォーラム」が実施され、外国からはイギリス、フランス、カナダ、韓国、日本の五ヶ国が参加、日本は防衛大学校から防衛学教育学群長（空将補）が参加した。

## ５　エジプト

中近東随一の大国で日本の経済支援も、この地域では最大である。史跡が多く文化研修上は価値がある。二〇一〇年十一月に単身で訪問したが、帰国して間もなく「アラブの春」革命が起こり政権が代わった。

士官学校長は、陸・海・空全て少将である。期間は陸・空が三年で海・防空が四年、技術士官学校は五年である。女子は看護等の限られた職種のみで士官学校では教育していない。写真撮影は原則禁止であったため、本書には記念写真のような写真しか掲載できなかった。

また国防省が語学研修所（Minister of Defense Language Institute-MODLI-）を保有し、ＭＯＤＬＩはカイロ以外にアレキサンドリア等国内九ヶ所に支所があり、約二〇ヶ国から学生を受け入れている。

### １．陸軍士官学校

カイロ中心地と国際空港の間に位置する。第二次大戦後のナーセル、サーダート、ムバーラクといった大統領は全て本校の卒業生である。その意味では、他の士官学校に比し、最も力を持っている。校内のプラネタリウムは日本の援助で建設された。騎兵が未だいるため、校内に馬場を保有している。

学生は一学年約八〇〇名で合計約三〇〇〇名、一部屋に約二〇名が居住する大部屋の学生舎である。高校卒業生が入る課程と、大学卒業者が限られた職種で短期教育を受ける二課程ある。卒業時防衛科学学士を取得するが、教務内容に関しては、一般学と防衛学の比は半々といったところである。

国際交流に関しては、三十四の近隣諸国から留学生を受け入れているが、三年の全期間か短期交流のどちらかで一学期交流はない。教育している外国語は英語、フランス語、ドイツ語のみで日本語はないが、英語で教えている科目は物理・化学に若干ある。

## 2．海軍士官学校

地中海に面したアレキサンドリアに位置し、首都カイロからは車で三～四時間かかる。一九八八年にアナポリスの米海軍兵学校の協力によりカリキュラムを開発しており、シーマンシップ、航海を始めとして殆どのコースを英語で教えている。術科学校的教育内容で一般学が少ないが、卒業時海軍科学士が付与される。

国際交流に関しては、外国からの四年間留学は受け入れているが一学期交換は行っていない。

エジプト陸軍士官学校の正面玄関。前列向かって右から三番目(筆者の右)が学校長、後列の左から二番目は在エジプト防衛駐在官(2010年11月撮影)

エジプト海軍士官学校(2010年11月撮影)

エジプト空軍士官学校の正面玄関にて学校長等と(2010年11月撮影)

### 3．空軍士官学校

カイロから北東に約六〇km、車で約一時間の平原に所在、飛行訓練場を保有している。かってはムバーラク前大統領が校長を務めていた。「アラブの春」の政変後、選挙が行われたが、ムルシー大統領と共に決選投票に残ったシャフィーク元首相は、空軍士官学校一九六一年の卒業生である。

学生数は一学年一五〇〜一七〇名の合計約五〇〇名で、教務内容は職能教育が多く、一般教養科目は少ない。

国際交流に関しては、周辺二十四ヶ国から留学生を受け入れているが一学期交換は行っていない。語学教育は英語とヘブライ語のみであるが、科学関係の授業は英語で教務を行っており、学校長を始めとして教官も英語が堪能な者が多い。

## 6　フランス

フランスの軍学校は、高校卒業後、陸・海・空の各士官学校に入校するための勉強をする予備校、あるいはグランゼコール（高等専門職養成機関）と呼ばれる優秀な者しか入学できない大学を受験する学生が試験勉強をするための学校で、二年間の勉強をした後に入校するため入校時は二十〜二十二歳で、かつ欧州のボローニアと呼ばれる方式により入校前後には学士を保有している。従って士官学校では一般的な素養教育は少なく、軍事に関係した職能教育が主である。修業学年は、海軍の四年間を除き三年間（六学期）で、卒業時に修士が取得できる。また三学年進級時には職種も決まり、少尉という階級も与えられる。軍事訓練における指導的立場は、幹部である指導官ではなく学生が主体的に行い、いわゆる自主自立の気風が根付いているといえる。学校長は全て少将である。

各士官学校とも国際交流に関しては極めて活発で、国内の他大学、産業界、研究所との交流も積極的に行っている。

このようにフランスの士官学校では修士取得を目指しているため、防衛大学校に派遣される交換学生は殆どが大学院に相当する研究科に入る。空軍士官学校に関しては、二〇一〇年春に来た学生は研究科隊舎に居住したが、二〇一〇年の秋学期に来た学生からは、より本科学生との交流を希望して本科の学生舎に居住することとなり、二〇一一及び二〇一二年もこの方式を継続している。しかし陸軍士官学校から毎年一〇名弱防大に約三ヶ月間修士論文を作成しに来る学生は、研究科隊舎に居住している。海軍からの学生は二〇一〇年に二名来て研究科隊舎に居住、地球海洋学科で修士論文を作成したが、二〇一一年及び二〇一二年は予算上の制約から来なかった。陸・海・空の士官学校の学生は全て極めて優秀で、筆者は二〇一〇年からの三年間、空軍士官学校からの学生の教務二コース（両方とも英語で実施）を受け持ったが、三名共試験はほぼ満点の成績であった。

## 1．陸軍士官学校（サンシール）

一八〇二年にナポレオンによってパリ郊外のフォンテンブローに設立され、一八〇八年に現在のコエキダン村（パリから西に鉄道で約一時間）に移動した。訓練場を含めて広大なキャンパスがある。筆者が訪問した二〇〇九年には、防衛大学校の約三倍の広大なキャンパスで学生が夜間戦闘訓練を行っていたが、空の星が実にきれいだったことが印象に残っている。ナポレオン軍の伝統を引き継ぎ、校内にはナポレオンが馬に乗った銅像がある。校内の博物館もフランス陸軍の歴史を感じさせる立派な展示があった。ドゴール大統領もここの卒業生である。

これだけ有名な士官学校であれば、アメリカのウエスト・ポイントやアナポリス同様、地方の絵葉書になっても良さそうなものなのに、最も近いレンヌ空港の売店でも士官学校を写真にした絵葉書がなかった。これは普仏戦争以後フランスが戦った戦争で、陸軍が国家の為に余り貢献していなかったためかと勘繰ってしまう。

学校組織は少将の校長の下に学生隊長と総務部長が大佐、教務部長（Dean）が文官教授である。教官は軍人が約四五〇名。文官が一五〇名の総計約六〇〇名、学生総数は約三〇〇〇名で、教官の家族等を含め約五〇〇〇名が校内に居住している。

校内には通常の予備校から入校する三年間の正規課程、下士官から入校してくる二年の部内課程、技術・管理職種の一年コースである軍政課程、それに二週間から五ヶ月の短期コース、という四つの課程が存在し、それぞれのコースは制服の色からして全く異なる。理工系は約一〇〇〇名の応募者から約七〇名を採用、文系も競争率は一〇倍以上である。

正規課程の学生は理工系と文系の学生数がほぼ半半であり、理工系はエネルギー・機械、コンピューター科学・シュミレーション、戦場電子の三つに、文系は戦略・国際関係、管理・組織の二つの学科に分かれている。

卒業後は陸軍だけでなく軍警察にも行く。フランスの軍警察は、ナポレオン時代に騎兵中隊の一部をジャンダルムリと呼称して地方の治安維持に当たったが、現代の対テロ戦時代になって、軍では重装備過ぎるが警察では軽装備過ぎる弊害を軍警察は克服してくれている。

海外から約一〇〇名の留学生が派遣され、また学生の約一〇％が女子学生である。正規課程三年間は六学期に分かれるが、第五学期、即ち三学年の秋学期は、全世界に学生を派遣して国際交流を行っており、防衛大学校にも五～一〇名研究科で修士論文作成のために滞在している。

またフランスの陸軍士官学校には教育部門だけでなく、政治、倫理、戦術の各センター（研究所）があり、知的な蓄積がなされている。

フランス国旗とナポレオンの騎乗銅像を背景に制服姿の仏陸士学生（2009年5月撮影）

## 2. 海軍士官学校

フランス最大の軍港で大西洋に面したブレストの対岸に所在している。しかし一八二七年の創設から一九一四年までの八十七年間は大型帆船を海軍士官学校として利用し、現在の場所に設立されたのは一九一四年である。第二次大戦中のドイツ軍占領下である一九四〇年から四四年の間は南部のツーロンに移され、ヴィシー政権の管轄下でフランス海軍の士官養成を続けたが、戦後再び現在の場所に戻され、一九七八年に新しい学生舎が完成して現在の形に至っている。モットーはフランス海軍の全ての艦艇と大型建造物に書かれている「名誉と祖国」そして「価値と規律」である。

学生総数は約一五〇〇名であるが、ほぼ半数は下士官からの昇任者等である。教官数は文官が五〇名強、軍人が一〇〇名弱で合計約一五〇名であるので、教官：学生比は1：10となる。四年制であり、予備校から入校してくる正規学生は一学年当たり約一〇〇名である。訓練最終期に航空（二〇%）、水上艦艇（四五%）、潜水艦（三〇%）、コマンドウと呼ばれる特殊部隊（五%）に分かれる。海軍の士官学校であるが馬術もスポーツとして行っており、馬小屋に馬を数頭飼っていた。

教育内容は、四五%が文系と軍事訓練、三二%がシューマンシップ訓練、二三%が科学教育であるので、相当海技技術に特化していると言える。教務部長は大佐である。校内には海技訓練施設が充実しており、ヨットや機動艇、教材としてのフリゲート艦などがある。教育理念は「海軍の訓練を通してシーマンシュップを養い、海におけるプロフェッショナルとなること」

「人間性を発展させることで、個人のキャラクターとリーダーシップを養成すること」「学業に励み、知識を涵養すること」である。

英語の到達目標は、学年によって異なるが、四学年の時点でＴＯＥＩＣ八六〇点と極めて高い。国際交流も盛んで、ドイツとは完全な訓練交換を、米国、日本、スペイン、イタリア、ポーランドとは一学期交流を、最終年プロジェクトとして独、西、伊、米、ポーランド、英、ベルギーと、巡航訓練では西、米、英、ベルギーと、教官交流として独、西、伊、米、英と行っている。四年間の留学生としてマダガスカル、カメルーン、セネガル、トーゴ、ナイジェリアといった旧アフリカ植民地諸国の外、クウェートやアラブ首長国連邦からも受け入れている。

フランス海軍士官学校の海上訓練場（2012年11月防衛大学校からの1学期派遣学生撮影）

防衛大学校とは二〇一〇年から一学期交換を行っているが、防大から派遣される学生に対しては秋学期が始まる前の約一ヶ月間、フランス海軍士官学校のパートナーとなっている機関学校（Telecom Bretagne）で、フランス語を始めとして文化、伝統、食事等の習熟教育を行ってくれている。この課程に日本の一般大学から参加する場合には相当な授業料を取られるが、防衛大学校から入校する場合、フランスの海軍士官学校が、この授業料を負担してくれている。

### 3　空軍士官学校

地中海に面したマルセーユの近郊に所在する。一九二二年に陸軍航空隊の一部として創設されたが、一九三四年に正式に空軍士官学校として設立した。当初はヴェルサイユに建てられたが、一九三七年に現在の場所に移動した。空軍士官学校としては英国に次ぎ、二番目に古い。モットーは第一次世界大戦の英雄、ギュネメル大尉の言葉「**FAIRE FACE**」(いかなる状況に直面しても、肝を据えて挑戦せよ)である。

三年制で一学年当たりの学生数は約一五〇名、二年制の下士官から昇任する学生等を含めると年に約四五〇名を教育している。教育内容は、軍事訓練、工学、語学等の文系という三本柱からなっており、内訳は教育時間の九%が飛行機に関する授業、三七%が訓練、二五%が科学、二九%が語学を含む文系となっている。専攻別に区分すれば、理工系9に対して文系1である。女子学生は全体の約一〇%を占める。教務部長は大佐である。このように飛行技術に焦点が当たっており、校内には訓練飛行部隊として飛行場と練習機が約三〇機、それに戦闘機のシュミレーターを数機保有すると共に、航空宇宙研究所(ONERA)も保有している。また、航空自衛隊のブルーインパルスに相当するアクロバット・チームも併設されている。学生舎は一人部屋である。

飛行教育は四段階に分かれており、第一段階は理論、第二段階学生にはグライダーを四〇時間、第三段階では実機で六五時間、第四段階でシュミレーションを六〇時間経験することになっている。これを学年別に言えば最初の一年で基礎的なエアーマンシップを教え、二学年では単独飛行を目指し、三学年で各地の部隊に実習に行き経験を積むことになる。

フランス空軍士官学校の校舎と行進する候補生（2012年秋に防衛大学校に一学期派遣された学生から）

国際交流に関しては、一九六〇年から三年間の履修期間中、少なくとも二ヶ月は海外での訓練に従事することが定められている。内訳は四～八ヶ月の長期交流として米、加、独、西、伊、日と、二～三ヶ月の中期交流としても米、独、英、葡、伊、西、蘭、アルジェリア、チェコ、ベルギー、チェニジア、ＵＡＥと、数週間の短期交流に関しても米、中、韓、蘭、エジプト、ヨルダン等と、合計約三〇ヶ国と活発に交流している。留学受け入れ国としては四年間のセネガル、マダガスカル、マリ、カメルーンなどのアフリカ諸国と、一年間のドイツ、半年のイタリア、一学期の日本、アメリカ、カナダ、三ヶ月のアラブ首長国連邦、ポーランド、一週間の中国、韓国、オランダなどがある。英語の到達目標は、海軍士官学校と比べるとやや低いが、陸軍士官学校共々ＴＯＥＩＣで七五〇点である。

フランスの三軍士官学校の中では唯一日本語を第二外国語として教えているため、直ぐ防大との一学期交流が成立し二〇一〇年から学生が派遣された。同時に開始したフランス海軍士官学校からの学生二名は研究科で修士論文の作成を行ったが、空軍士官学校からの学生は本科の授業を受けることを希望している。

二〇〇九年秋に我々が訪問した時の空軍士官学校長は極めて積極的で、滞在した三日間、常に同行してくれた。さらに訪問した際、事前に送っておいた履歴書で筆者が剣道を行うことを知って場所と相手を用意していてくれた。

## 7　インドネシア

インドネシアの士官学校校長は、どこも少将で、他の国にはない Governor と呼称している。教官は殆どが軍人である。どこも女子学生を入れておらず、また海外からの留学生も入校させていない。

### 1．国軍（陸軍）士官学校

ジャワ島の中部、ユネスコの世界遺産で有名なボロブドゥール寺院遺跡群の北にあるマグラ

陸軍士官学校内に掲げられているユドヨノ大統領の学生時代の写真（2011年9月撮影）

インドネシア海軍士官学校の栄誉礼（2011年9月撮影）

インドネシア空軍士官学校（2011年9月撮影）

ンに位置している。一九四五年に陸軍士官学校として設立されたが、その後一九五七年に国軍の士官学校として、海・空の士官候補生をも約一年当地で教育した後、それぞれ海・空士官学校に進ませるようになった。従って、当校で一年間の共通教育の後、三年間は各軍種の学校で教育する。学生総数は約八〇〇名である。二〇一三年時点でのユドヨノ大統領は、当校を一九七三年に首席で卒業した。

教育内容は、知（学科）、徳（リーダーシップ等）、体（体育）が、それぞれ三分の一ずつとなっている。

防衛大学校への留学生は、士官学校へほぼ半数の学生を輩出している士官予備学校（Prep-School）の時に選抜されるが、約三五〇名の予備士官学校の学生中、ほぼ一〇〇名が日本への留学を希望し、その内三名のみが留学できるので相当狭き門である。なお、予備士官学校では、現在はフランス語やドイツ語も教育しているが、一昔前までは英語と日本語しか外国語を教育していなかった。

## 2．海軍士官学校

ジャワ島東部のスラバヤに位置。一九五三年に設立され、学生総数は約三〇〇名。八学科あるが、全て理工学である。教務内容は職能的な海技技能や海上訓練が多い。陸軍士官学校での共通訓練を終えた後に入校するので、教育期間は三年である。

### ３．空軍士官学校

ジャワ島中部のジョグジャカルタ空港に隣接したところに所在している。一九五二年に設立され、学生総数は約三五〇名である。海軍士官学校同様、陸軍士官学校で共通訓練を一年行ってから入校するので、空軍士官学校での教育期間は三年である。

## ８　韓　国

学校長は全て中将である。一学期は三月から八月まで、二学期は九月から十二月までである。陸・海・空別の士官学校ではあるが、最近は統合の必要性を認識し始め、各学校がバラバラであったカリキュラムの統一を図り、また一学年の時に軍種の基礎教育を八ヶ月行った後、グループに分けて二ヶ月毎他の士官学校で過ごすような統合教育を実施している。卒業時の英語の到達目標はＴＯＥＩＣで七〇〇点である。週に一回は宗教による徳育教育が行われているが、韓国ではキリスト教徒が多く、士官学校でもキリスト教が人間形成に一役買っていることがわかる。

### １．陸軍士官学校

首都ソウルの北東部郊外に位置し、敷地は防衛大学校の三～四倍ある。学生数は一学年当たりの定員が二四〇名で二〇一二年から二七〇名に拡大された。大学院はないので学生総数は約八五〇名、うち約一〇％は女子である。教官は約一七〇名なので教官：学生比は１：５である。二〇一一年の時点で一人の教官を除き全て軍人教官であったが、二〇一五年までには約四〇％を文官教官にする計画である。

韓国陸軍士官学校は、これまで三名の大統領を輩出。朴正熙大統領は二期生、全斗煥と盧泰愚大統領は十一期生であり、この十一期生が中心になって建てた展望塔が校内にはある。この展望台の一階外側には卒業生の銘板が張られており、三名の大統領の所は、学生が良く触るせいかテカテカになっている。

学校長も歴代、優秀な人材が配されており、筆者が二〇〇九年にサンシール仏陸軍士官学校で行われた第二回陸軍士官学校発展国際シンポジウム（International Symposium on the Development of Military Academies-ISoDoMA-）で会った鄭承兆中将（当時）は二〇一一年に制服トップの合同参謀本部議長となっている。

派遣している留学先は、二〇一一年時点で日本（一名）とドイツ（二名）に二年間、フランス（三名）とスペイン（一名）に三年間、米（二名）とトルコ（一名）に四年間の合計六ヶ国（一〇名）、受け入れは日本（一学期一名）の外、タイ（四名）、モンゴル（一名）、フィリピンとトルコが各一名の合計八名である。この他に最近、約一〇〇名のグループを短期、二年生時に日本に、三年時に中国に、四年時には米国に派遣するプログラムを開始した。

教育の倫理徳目としては、『孫子の兵法』計篇第一にある「智、仁、勇、信、厳」の最初の三項目「智、仁、勇」で、学生舎等に掲げられている。

この他に韓国には、陸軍の三士官学校が大邱北東の永川に存在する。ソウルの陸軍士官学校が一、かつては二士官学校もあったが現在は廃止され、三士官学校は兵科以外の職種将校を養成している。

## ２．海軍士官学校

日露戦争時、東郷連合艦隊が日本海海戦前に停泊していた南部の鎮海に所在している。一九四六年に孫海軍大将が設立し、学生数は一学年約一五〇名で総計約六〇〇名である。一九九九年から入校が許可された女子は約一〇％を占める。四年生になると、約三ヶ月の巡航訓練があり、卒業後はすぐ少尉に任官する。

教官数は約一〇〇名で、うち十五名が文官教官である。教育方針は、日本と同様、智、徳、体の三本柱となっているが、学校組織は訓練部、教務部、総務部の三部制である。学科は文系が国際関係学科、外国語学科、軍事戦略学科の三つ、理工系が電気電子工学科、機械造船工学科、武器体系工学科、電算科学化、国防経営学科、海洋学科の六つであり、計九学科である。一学年は共通学科として文系理工系関係なく教養科目を学び、二学年時に進級する際学科を選択する。モットーとして①真理を求めよ、②虚偽を捨てよ、③犠牲的精神を持ての三つが掲げられている。

国際交流に関しては、派遣先が二〇一一年時点で米（二名）が四年、ドイツ（一名）の国防大学とフランス（一名）に三年、日本（一名）に二年の合計五名、受け入れはカザフスタン（三名）とベトナム（三名）が四年、日本（一名）が一学期で合計七名となっている。

二〇一一年時点の海軍作戦本部長（海軍のトップ）崔潤喜大将は、海軍士官学校長から海軍作戦副本部長を経て昇任しており、また二〇一一年秋まで海軍士官学校長であった元泰浩中将は、その後、合同参謀本部副議長となっていることから、海軍士官学校長の配置がいかに重要視されているか判る。

## 3．空軍士官学校

一九四九年にソウル近郊の金浦に設立されたが、朝鮮戦争時は大邱、済州島、鎮海、ソウルと転々としたのち、現在の中部清州に落ち着いている。学生数は入校時一学年一七五名で、学生総数は六一〇名、うち女子学生は約一〇％の約六〇名いる。

教官数は約一〇〇名で、そのうちの約半数が博士号を持っているが、九割は軍人教官である。卒業までの取得単位は教養六八単位、専門三六単位、軍事学四四単位の合計一四八単位で、八つの専攻があり、文系が四割、理工系が六割である。卒業後、約半分がパイロットになり、残りの半分は航空管制や整備といった職種に回る。

二〇〇七年頃の第三十九代学校長、朴鐘憲中将（当時）は二〇一一年時点で空軍参謀長であり、彼は航空自衛隊幹部学校長の高級課程（ＡＷＣ）の卒業生でもある。

二〇一一年時点での留学生の交換は、派遣先が四年間の米（三名）とトルコ（一名）、二年間

韓国陸軍士官学校展望台１階外側の卒業生銘板。３名の元大統領銘板はテカテカになっている（2012年秋学期に防大から派遣された学生が提供）

鎮海湾を臨む韓国海軍士官学校（2011年11月撮影）

韓国空軍士官学校の正面玄関から（2011年11月撮影）

の日本（二名）、一年間のドイツ（一名）、受け入れが五年（韓国語一年と本科四年）のタイから二名、モンゴル、トルコ、フィリピンから各一名の外、一年間日本の防衛大学校から一名である。二〇一〇年に一年間留学した防衛大学校の学生（女子）は李明博大統領から栄誉賞を受領している。

## 9　オマーン

オマーンは日本のエネルギーの約八〇％が通過するホルムズ海峡に臨む戦略的に重要な位置にあり、インドやアフリカまで航海版図を広げてきた海洋国家でもある。国民性が開放的で、異文化に対して寛容であり、他のアラブ諸国に比し気位がそれほど高くない。米軍との関係も一九八〇年代に地位協定を結び、基地は常駐させていないが、有事には直ぐ来援してもらうことになっている。

陸軍士官学校は南部サラーサ（首都マスカットから車で約五時間）にあり、海軍士官学校は首都マスカットから海岸沿いに北へ一・五時間ほど車で行ったウイダム（Widam）に位置し、空軍士官学校はマスカット国際空港の近くにある。士官学校はイギリス方式で一年以内のプログラムである。

訪問した海軍士官学校（海軍訓練センターの一部）のみ記述すると、海軍訓練センターは、

オマーン海軍訓練センターの艦橋シュミレーション訓練装置（2010年11月撮影）

海上自衛隊の幹部候補生学校と各術科学校を集約したような施設で、センター長は大佐である。五平方kmの広大な敷地に士官だけでなく下士官の各職種訓練も実施し、防火・防水訓練所、航海訓練シュミレーター、機関実習所などがあった。

海軍士官の教育としては、高校卒業後、当地で一年間の基本訓練の後、英国のダートマス海軍士官学校へ進み、約一年の訓練の後、再び戻ってくる。現在のところ、終了しても学士の資格は取れない。筆者が訪問した二〇一〇年秋には英国から中佐が教官としており、全体では十九名の英国海軍軍人が勤務している。このように、オマーン軍は英国が育て上げた軍隊であり、操艦号令等も英語で行っている。

## 10　パキスタン

陸軍士官学校は、アボッターバード（首都イスラマバード近郊）でオサマ・ビン・ラディンが殺害された場所から直線距離にして約一kmの所に、海軍士官学校は南部のインド洋に面したカラチに、空軍士官学校はイスラマバードの西北西マルダン近郊に所在し、それぞれ四年間の教育期間の後、卒業して少尉に任官する。

## 11 ポーランド

全般的にポーランドは親日的な国であり、かつ第二次大戦前はインテリジェンスに関する対ソ協力も行ってきた。一九二三年にポーランド軍諜報部の暗号解読専門家コワレウスキー少佐が東京で暗号解読学校を組織化し、その功績により彼は旭日章を授章している。ポーランド人の暗号解読能力には定評があり、ドイツ海軍の暗号エニグマを解読したのは英国諜報部ということになっているが、実際に行ったのはドイツ憎しで英国に雇われたポーランド人三名である。

軍の主要な学校は、陸・海・空士官学校の外、軍技術大学と、国防大学がある。

ポーランドでは予算獲得のために軍学校に多くの民間人を入校させ、彼らから授業料を取得している特色がある。また民間会社からの予算も獲得している。従って学生の多くは髪の長い私服の民間人であり、学校首脳は「一〇名の軍人学生には、それぞれの専門分野の教官が必要になるが、民間人学生に対しては、一名の教官で約一〇〇名の学生を教育できるので効率的である。ポーランド軍は、嘗ての四〇万人から一〇万人体制へと縮小しており、軍は過去と同数の軍人学生を必要とはしていないが、我々は伝統ある軍学校を、その規模を含め維持しなくてはならない。また、軍のサイズは縮小しても質の向上が求められている。大学を一般学生に開放することにより軍の大学と民間の大学との間で競争が生じ、また軍人学生も民間学生との間で競争することとなり、大学のレベルが向上するので特に問題はない」としているが、軍規律維持上は疑問符が付く。

上記五つの軍学校における、学生総数は約一万七〇〇〇名であるが、そのうち約一万五〇〇〇名を民間人が占め、軍人は約二〇〇〇名に過ぎない。また学校関係職員数は約四〇〇〇名であるが、このうち、実際に教育に携わる者は約一五〇〇名、うち博士号保有者は約六五〇名である。

ポーランドでは陸・海・空軍士官学校、軍技術大学の卒業生及び一般大学卒業後一年間の修士幹部課程卒業生のうち、任官試験に合格した者が少尉に任官する。二〇〇五年に、五年間の修業期間で修士まで一貫取得するシステムに変更した。

各士官学校では、職種に応じた特技取得のための軍事訓練を修士取得のための教育と並行して実施している。ＥＵ加盟後マーケットが拡大し、軍幹部は若者にとって魅力的ではなくなり士官候補生の確保が困難な時期があったが、規則を変更して一般大学卒業生でも一年間の教育付与後で士官になれるようにしたので、現在のところ士官候補生獲得に問題はなくなっている。

ＮＡＴＯ及びＥＵにおける活動に英語は不可欠であるため英語教育を重視し、今後下士官に対する英語教育にも広げていくこととしている。

## １．陸軍士官学校

首都ワルシャワから南西に約二五〇km行った古都クラカウに所在する。学生総数は六〇〇名強であり、うち五〇〇名弱が軍人、残りは民間人である。

## ２．海軍士官学校

ワルシャワから約三〇〇km北上したバルト海に面したデュニアに所在する。学生総数は約四三〇〇名であるが、このうち海軍の士官候補生は二〇〇名強で、残りの約四〇〇〇名は民間人である。

## ３．空軍士官学校

ワルシャワの南約一〇〇kmにあるデブリンに所在している。冷戦後の一九九四年に設立されているが、校内の博物館には第二次世界大戦時にロンドンの亡命政府が枢軸国側と戦ったところから展示されている。

学校長はRectorと呼称され、准将である。学校組織は教務部、軍事訓練部、総務部に分かれている。学生総数は六八〇名で、このうち四〇〇名弱が軍人、残りの約三〇〇名は民間人である。士官候補生は、約五年間の修士一貫課程か、一般大学の学士課程修了後の修士課程いずれかに在籍する。約五年間の修士一貫課程では、五年六ヶ月間の教育期間で、修士（航空学）と職域資格（ジェット戦闘機操縦、輸送機操縦、ヘリコプター操縦、航空航法、要撃管制、航空管制のいずれか）を取得する。

一般大学の学士課程修了後の修士課程では、修士資格（航空学又は国家安全保障）の他、航空管制、気象、通信電子、補給、整備、技術、防空、操縦等のいずれかの職域資格を取得する。

学校スタッフ数は、一〇〇名強で、うち軍人が六〜七割を占める。隣接地に第四空軍訓練航空団と称する訓練部隊を持ち、広大な飛行場と、旧ソ連のＳｕ－22やＭｉｇ－29及び西側機が混在する練習機、それに屋内のシュミレーター施設の充実ぶりは目を見張るものがある。

ポーランド空軍士官学校のシュミレーター
（2009年10月撮影）

## ４．軍技術大学

首都ワルシャワ近郊に所在する。一九五一年に創立し、一九九五年から民間人学生が入学している。

学生総数は約一万名（うち軍人は約一〇％である一〇〇〇名弱）、教官数は約五〇〇名で、そのうち四〇〇名弱が博士号を取得している。このためか、学校長が制服の軍人であった以外は、殆どの教官・職員は文官であった。「これだけ文官が多かったら学校長も文官でよいのではないか？」との筆者の質問に対し、准将の学校長は「本校は国防省隷下の学校である」と回答した。

軍技術大学の展示品である戦車に試乗
（2009年11月撮影）

予算は、国防省及び科学高等教育省から得ているものの十分ではなく、企業とのリサーチによる歳入が全体の六〇％を占めている。従って同大学では、他一般大学のリサーチに対する競争力を保有・維持することが大切となっている。

授業は、ポーランド語で実施しており、留学生はドイツ等数ヶ国から一～二名程度受け入れている。

民間人学生が九〇％を占めていることに対し、軍人学生に対する悪影響は無いのかと質したところ、「特に無い。民間学生を受け入れたことにより、軍技術大学が一般大学と競うようになり質が向上した。また軍の規模は縮小傾向にあり、軍幹部の需要も減ってきている。軍規律に関しては、軍人及び退役軍人の教官が授業を通じて軍人としての精神を指導しているし、夏には軍人学生は特別な訓練を実施しなくてはならないので問題はない。多くの民間人学生が同級生でいることは、将来の人脈形成にも役立つ。民間人卒業生の中には、政府や軍事産業へ就職する者、技術者になる者もおり、将来これら同級生との人脈は大いに役立ち、民間人学生が多い程、人脈の可能性も大きくなる」との回答であった。

軍人学生は、一学年時は陸・海・空軍要員に分けられておらず、二学年に進級する際に分けられる。卒業後の職域は技術、後方職種であるため、一つの軍種に人気が偏ってはいない。

## ５．国防大学

二〇〇三年に設立され、学校長は少将で、学生総数は約五〇〇〇名のうち軍人が約一〇〇〇名、残りの約四〇〇〇名、即ち約八〇％が民間人である。教官数は二〇〇名弱で半分以上は博士号を取得している。

当大学では、大学レベルの教育として、五年間で修士を取得する民間人約一〇〇名、三年間で学士を取得する民間人約二五〇〇名、二年間で修士を取得する軍人約五〇名と民間人約八〇〇名の合計約八五〇名が、また大学院課程としては約三〇〇名の民間人と、博士課程に軍人及び民間人の合計約三五〇名が学んでいる。

また、軍人のみの大学院課程として、研究期間が一〇ヶ月の防衛政策（准将対象）、作戦・戦略（大佐対象、履修者約二〇名）、作戦・戦術（少佐対象、履修者約三〇名）及び履修期間が一～二週間の約五〇種類の特別課程（履修者一〇〇〇名弱）がある。

この他、議会及び政府の要人に対する高級国防課程があり、過去二年間で約二五〇名が参加している。安全保障及び危機管理等を学んだ民間人は、民間企業の危機管理及び地方自治体の災害対策まで幅広く応用できるため、人気が高い。

国際交流に関しては、二〇〇九年秋の時点で留学生が約三十五名（独八名、米六名、ハンガ

文民が殆どのポーランド国防大学の授業風景
（2009年訪問時の先方パワーポイントから）

リー五名、チェコ四名、中国三名、仏二名、韓国二名、リトアニア二名、スロバキア二名、ウズベキスタン一名）来ている。授業はポーランド語を使用しており、一年間のポーランド語教育を提供している。ポーランド語を一年教育すれば、大学で勉強を継続するのに十分なレベルに到達するものの、国防大学としては今後、欧州の学生との交流を促進するために英語で行う授業を増やしたいと考えており、将来的には全て英語にする模様である。

校内には War Game Center や大量破壊兵器（ＣＢＲＮ）対処センターがあり、ポーランド軍だけでなく、ＮＡＴＯ諸国から多くの学生を受け入れている。

## 12　ロシア

五年間の教育期間を経て卒業後、少尉に任官する軍専門大学が士官学校に相当するが、軍種毎に相当数の士官学校を持っている。

しかし、ロシアでは軍における改革・統廃合が急速に進展している。ソ連崩壊後、ロシアには八個軍管区あったが、一九九八年にザバイカル軍管区が極東とシベリア軍管区に吸収され、二〇〇一年にウラル軍管区とボルガ軍管区が統廃合されてウラル・ボルガ軍管区となった結果、六個軍管区となり、さらに二〇一〇年末には東部、中央、西部、南部の四個軍管区となって、しかもそれらは統合戦略司令部と重なるようになった。

軍種に関しても、旧ソ連時代には、地上軍、海軍、空軍、防空軍、戦略ロケット軍の五個軍制であったが、空軍と防空軍が空軍に統廃合、戦略ロケット軍は独立兵科として戦略ロケット部隊と宇宙部隊に分かれた結果、軍種の数は三（地上軍、海軍、空軍）に減っている。また、プーチン政権になってから従来の徴兵制から徴兵制と契約制（志願兵制）の混合補充制移行に着手し、二〇〇七年には徴兵制と契約勤務制の混合補充による補充制度に移行している。こうした統廃合の動きは士官学校も、その影響を受けている。

国際交流に関しては、旧ソ連邦諸国からの留学生は受け入れているものの、主として彼らは外国人専用の課程に入れられ、欧米諸国や日本のように当該国の学生と一緒になって同じ教育を受けるシステムになっておらず、相当閉鎖的である。二〇一一年十二月にモスクワを訪問したが、当初出席することになっていたモスクワ高等指揮士官学校の校長代理、軍事総合大学学長、そして国防省の人事局担当者は当日姿を見せず、ロシア側は完全にコミットしたくないのではないかという意図を感じた。しかし同時に行われたシンクタンク・民間有識者との懇談においては、シベリア地区における人口減少とあいまって中国の軍拡に対する懸念が窺われ、内心は日本との交流を希望しているのではなかと思われる節が感じられた。ただ相当官僚的かつ閉鎖的な国であるので、士官学校交流が具現化するまでには相当な時間がかかるものと思われる。

## 1．軍事総合大学

伝統ある軍事大学としてはモスクワ市内のど真ん中に軍事総合大学が存在する。軍事総合大学は、かつてのレーニン軍事政治アカデミーを始めとして経済学、社会学、心理学、語学、メディア学といった人社系の軍大学を一九九四年に統廃合して設立された。全部で八学部あるが、他に軍事音楽学科も持っている。学校長は、士官学校には珍しく大将であり、学生総数は三〇〇〇名を越え、モスクワ市内に四ヶ所の付属機関を持っている外、地方センターも有している。

学生の入校時年齢は十七〜二十歳で高校卒業者を入校させ、五年間の教育を施して卒業後、少尉に任官させる。学生の中には民間人も含まれているが大半は軍人である。他の士官学校のように写真撮影が禁止されるような閉鎖的なところがない。卒業後地上軍だけでなく海・空軍に勤務する者もおり、かつ女子学生も入校している。しかし訪問した二〇一一年の時点では、未だ卒業しても学士取得はできない。

留学生は、全部で約二〇〇名おり、主として旧ソ連諸国、他にアフリカ諸国、東南アジアからはラオス、カンボジア、ミャンマーといった国々から派遣されている。

中央の女性が軍事総合大学副学長、その左隣は語学センター長の中佐(2011年12月被撮影)

モスクワ近郊に所在する付属語学センターも二〇一〇年に、それまでの語学学校を統廃合して軍事総合大学傘下におさめられた。語学センターで教育している言語は、二十二ヶ国語に昇り英、独、仏、西、伊、ポルトガル語といった西欧言語を始め、アラビア、ペルシャ、トルコ、ヘブライといった中近東言語、極東言語として中国、日本、韓国、ベトナム語を教えている。ちなみに日本語履修者は、訪問した二〇一一年十二月の時点で八名おり、全員が女性とのことであった。

毎年防衛大学校で、各国の士官学校教官を集めて行っている国際防衛学セミナーに、ロシアからは当大学から殆ど参加しており、上写真の語学センター長の中佐も「二〇〇六年七月のセミナーに参加した」と語っ

モスクワ高等指揮士官学校の校長代理とのギフト交換（2011年12月撮影）

ていた。従って、ある意味、当校はロシアにおける防衛大学校のカウンター・パート的存在ではないかと思われる。

## 2. 地上軍

一般兵科士官を養成する士官学校としては、モスクワ高等指揮士官学校、シベリア南部のブラゴヴェシチェンスクに所在する極東高等指揮士官学校、そしてシベリアの中心都市ノヴォシビルスクにあるノヴォシビルスク高等指揮士官学校の三校がある。

このうちモスクワ高等指揮士官学校に二〇一一年十二月に訪問したが、同校はこの時点で九四周年を迎えている。学校長が配されておらず教育・科学作業を担当する学校長代理の大佐が対応したが、学生数を聞いても地上軍全体の規模がわかってしまうためか教えてくれなかったし、写真撮影も右のような記念写真以外は認められなかった。

校内の正面玄関には、ドイツから祖国を守るために犠牲となった当校の卒業生銘板が、また学生舎等の入り口にはアフガニスタンやチェチェン紛争で戦死し、栄誉賞を与えられた卒業生の銘板が貼られている。校内の博物館にも、祖国・共産党・ロシア栄誉賞に関する展示が多く、旧ソ連時代からの歴史の断絶は感じられない。博物館には松本防衛大学校長（一九九三～二〇〇〇年）が送った楯が置いてあった。

当大学は、地上軍士官学校の中では最も古く伝統があり、一九三五年まではクレムリンの中に学校があった。レーニンの執務室警護も行っており、レーニンが当校の名誉校長となっていることから、近衛兵的存在となっている。モスクワ高等指揮士官学校の卒業式は赤の広場で行っており、この特権は同士官学校だけに与えられている。現在はモスクワ南東部郊外に所在する。女子学生は存在しない。

これまで、モスクワ高等指揮士官学校は約一五〇名の将官と五名の元帥を輩出している。かつてのヤゾフ国防相も、当校の一九四二年の卒業生である。教育内容は、理論、一般学、そして実戦に分かれるが、実戦部分が約六〇％を占め、演習場での訓練が全体教育の約三五％も占めていることから、実戦型主体の教育と言える。だが自動化狙撃部隊の指揮官を育成するための教育と共に、経済に関しても教育しており、軍を退職した後でも転職に便利なようにしている。

外国交流は、派遣を行っておらず、受け入れとして旧ソ連諸国からの学生が来ているが中国からの留学生は居ない。

このほかの地上軍士官学校としては、砲兵士官を養成する士官学校としてロシア中央部のエカテリンブルグにあるエカテリンブルグ高等砲兵指揮士官学校、モスクワの南一六五㎞のトゥーラにあるトゥーラ砲兵専門技術大学、モスクワの南西六二五㎞のペンザにあるペンザ砲兵技術専門大学の三校がある。また機甲士官を養成する士官学校は、シベリア連邦管区の西端に位置するオムスク戦車技術専門大学のみである。

### 3．海　軍

バルト海に面したロシアの飛地、カリーニングラードにあるバルト海軍専門大学、バルト海のフィンランド湾最東端にあるサンクトペテルスブルグの海軍技師専門大学、無線電子海軍専門学校、サンクトペテルスブルグ海軍専門大学の三校、そしてウラジオストクにある太平洋海軍専門大学の五校がある。

### 4．空　軍

南部アゾフ海に面したエイスクにある高等指揮士官学校、北コーカサス西部のクラスノダル飛行士高等指揮士官学校、モスクワから約六〇〇km東南東のスイズラニ飛行士高等指揮士官学校、サンクトペテルスブルグに所在する無線電子高等士官学校、ウラル山脈東麓のチェリャビンスクにある航法士高等航空士官学校、モスクワの北東約二五〇kmにあるヤロスラヴリ防空高等高射ロケット士官学校の六校がある。

### 5．戦略ロケット部隊

モスクワの北東二二五kmにあるロストフのロケット部隊軍専門大学と、モスクワの南一〇〇km弱にあるセルプホフのロケット部隊軍専門大学の二校がある。

### 6．宇宙部隊

モスクワにある宇宙部隊無線電子軍専門大学と、モスクワとサンクトペテルブルクの中間に位置するチェレポヴェツの宇宙部隊無線電子軍専門大学の二校がある。

### 7．空挺部隊

モスクワの南東二〇〇km弱にあるリャザンの高等空挺指揮士官学校のみである。

### 8．その他

バイカル湖に近いイルクーツクの高等航空技師士官学校の他、軍後方、衛生、技術に関する軍専門大学がある。

## 13　タイ

士官学校は陸・海・空に別れているが、陸・海・空・警察が共に三年間の基礎教育及び高校のカリキュラムを受ける予備士官学校（Pre-Cadet School）がある。予備士官学校の競争率は極めて高く、四三〇名（陸：一五〇名、海：八〇名、空：一〇〇名、警察：一〇〇名）の学生数に対して応募者は毎年約二万人いる。場所は、陸軍士官学校の隣に位置するが、この三年間に軍種に関係なく生活を共にすることが、将来の各軍種・警察が連携できる基盤となっている。この予備士官学校卒業者のみが各士官学校への入校が許可され、予備士官学校入校時に陸・海・空の要員は決まっている。各士官学校とも女子の入校は認めていない。

士官学校長は全て中将である。予備士官学校で訓練に関する基礎を学んでいるため、士官学校ではより専門色の強い訓練が行われる。

タイは王国であるが故に軍の最高指揮官は国王であり、タイ王国軍は近衛兵（King Guard）としての任務も有している。このため、毎年国王の誕生日に行われるパレードでは士官候補生が先頭で行進する。士官候補生には教育、居住、食事、医療、衣料品、教科書等、教育に関する諸経費が無料であるばかりでなく給料が支給される。給料に関しては学生長等の長期勤務学生への特別手当もあり、これらの学生に対しては一般の学生よりも多い額が支払われている。

全般的にタイ王国軍人は国民から尊敬の念を持たれており、国民は軍人に対して絶大な信頼をよせている。

## 1．陸軍士官学校

一八八七年に当時のラーマ五世（チュラロンコーン王）が設立したことからチュラロンコーン王陸軍士官学校と呼称している。校内には一〇〇周年記念博物館がある。これまで三回の移転を重ね、一九八六年から現在のバンコク北東一四〇㎞のナコーン・ナヨックに位置、約一〇〇〇万坪（防衛大学校の約五〇倍）の広大な敷地を有する。学校組織は、本部、学生隊、教務部、軍事教育部、訓練部、支援部隊、及び一般市民に対しても医療の提供を行っている病院から成っている。

四年制であり、一学年一五〇名であることから学生総数は約六〇〇名である。教官は全て現役士官であり、王女も歴史の特別講師として講義を担当している。学科数は工学九学科（機械、航空、電子、情報、通信、武器、工業、土木、測量）、理学五学科（経営情報システム、情報科学と防衛学、応用科学と防衛学、環境科学と防衛学、一般科学と防衛学）、人文学三学科（行政、経営、社会）の合計十七ある。訓練期間は一月から三月末までの約三ヶ月であり、各学年のレベルに応じてメニューが組まれている。

陸軍士官学校将校クラブの展望台から、広大なキャンパスを学校長が説明（2011年9月撮影）

## 2．海軍士官学校

一八九六年に当時の国王ラーマ五世によって設立され、設立当初は王室所有のヨットであるマハ・チャクリを教育・宿泊施設として使用していた。一九〇六年に、現在タイ王国海軍総司令部となっているトンブリーに移転して正式な海軍士官学校として誕

タイ海軍士官学校内にある軍艦のモニュメント。右側はプラネタリウム（2011年9月撮影）

生した。第二次大戦中、タイは日本と同盟関係を結んで欧米諸国と戦ったが、その際に連合軍の空爆を受けることとなったことから、一九四四年チャンブリーに移転、一九五二年にバンコクから南に約一時間車で行ったチャオプラヤー川沿いにあるサムット・プラカーンに移転し現在に至っている。二次大戦中、タイは日本の同盟国だったので現在も当時日本がタイ王国海軍に贈った戦艦のモニュメントがある。

学校組織は中将の学校長の下第一・第二副校長がおり、訓練部、教務部等に分かれているが、副校長を含め部長は少将である。教務部の隷下には、軍事戦略学部、船舶学部、数学部、人間文化学部、物理化学部、社会科学部、工学部、海洋工学部、水界地理学部、管理学部、図書館がある。教育方針は「海軍の根作り」、即ち将来よき指揮官となるための基盤を作ることを目的としている。

学生数は各学年約五〇名の合計約二〇〇名で、最初の一年間は基礎を、二年から四年にかけて専攻に分かれるが、専攻は電気、機械、艦艇、海洋、管理の五学科である。年々、海軍の技術教育よりはアカデミックな一般学へ比重が増している。当初五年間の就学期間で科学・工学学士を取得するようになっていたが、二〇〇二年に四年間に短縮された。その分、卒業して少尉に任官してから、甲板（Line）、機関（Engineering）、海兵隊（Marine）の各職種に分かれて、さらに一年間専門教育を受けることになっている。二〇一二年から修士課程を設け、将来的には民間人を士官学校に入校させて学位を取得させるプログラムも視野に入れているようである。

タイ空軍士官学校における献花
（2011年9月撮影）

留学先は米・日・西であり、日本の場合、防大、江田島の幹部候補生学校そして遠洋航海まで参加してから帰国しているので日本語語学研修も入れると6年半の留学期間となる。

### ３．空軍士官学校

一九五三年に設立、現在はバンコク市内の空軍司令部の対面にあるが、敷地が手狭になったことと建物の老朽化から、現在陸軍士官学校があるナコーン・ナヨックに将来移設する計画がある。

学生数は各学年約一〇〇名の合計約四〇〇名。一学年時は共通基礎教育、専攻は理工学のみで二学年進級時に選択するが、科目としては航空、電気、機械、土木、コンピューターの各工学と材料科学、コンピューター科学の八学科から成り、概して軍事のための実践的学科教育と言った感じで防衛大学校のように幅広い視野も身につけるため一般大学と同じような学科教育は行っていない。教育の四本柱としては、勉学、訓練、リーダー及びフォロアー・シップ、体力を掲げており、徳目としては、責任感、チームワーク、エアーマンシップ、名誉、達成を価値観の中核に据えている。

校友会活動は、自分の体力を維持する程度で防大のようにそれほど熱を入れてはいない。一学年時に優秀な成績を収めた学生は米・英・独・豪・韓・西・日の七ヶ国に留学できる。留学先は、成績の良い学生順に決めることができるが、日本と韓国は、留学してから一年間は語学を履修しなければならず、他の者より遅れることから不人気である。

卒業生は、当然の事ながら空軍士官として任官するが、一部の学生は一般航空会社のパイロットに就職することもできる。ただし、その場合には国に対し返金をする必要がある。また日本の航空学生のような制度はなく、空軍パイロットを希望する者は必ず空軍士官学校を卒業しなければならない。

## 14　トルコ

トルコは中東地域における重点国であることから、日本からの経済協力はエジプトに次いで二番目であり、しかも親日的な国である。

陸、海、空軍士官学校とも、中央アジア諸国からの四年間留学は受け入れているが一学期交流は行っていない。女子学生は数パーセントであるが存在する。士官学校長は全て少将である。

防衛大学校との士官学校交流に関しては、政府間の覚書（Memorandum Of Understanding-MOU-）がなければ、士官学校長独自で判断できないことやトルコ語での教務が主であるため、短期研修にならざるを得ない。

## １．陸軍士官学校

アンカラ中心部の参謀本部等ミリタリー・コンプレックスの一角に位置する。学生は一学年約八〇〇名で、その内の四〇％が国内に二ヶ所ある陸軍高校から入校する。四年制であるため、学生総数は約三二〇〇名で、うち約一〇〇名が女子である。卒業すれば工学士を取得するが、修士、博士を育成する大学院教育も実施している。教務部長は准将である。

外国語は仏、独、露、中、西、伊等十二ヶ国語を教えているが日本語はない。朝鮮戦争で強い絆ができている韓国とのみ四年間の交換制度を持っているが、他は周辺約一〇ヶ国からの留学生である。

国父と尊敬されているアタチュルクを始めとして多くの大統領・首相を輩出している。

トルコ陸軍士官学校の正面玄関(2010年11月撮影)

トルコ海軍士官学校内博物館の一角を占めるエルツールル号(19世紀末、紀伊半島沖で遭難したが日本人が多くの乗組員を救助した)に関する展示(2010年11月撮影)

トルコ空軍士官学校の正門にて(2010年11月被撮影)

## 2. 海軍士官学校

イスタンブール中心地から車で約一時間マルマラ海に沿って南下した小半島に位置する。四年プログラムで終了時工学士が付与される。校長は海軍少将である。一九八五年に移設したため、施設は新しい。学校組織の各部長は、教務部長をも含め、全て海軍大佐であった。

一学年は海軍高校出身者一〇〇～一二〇名と、約八〇名が一般の高校出身者で合計約二〇〇名からなる。外国語は英語と独語のみであるものの、近々日本語を加える予定だが教官が見つかっていないとのことであった。学生舎では同じ学年が一部屋四名で居住している。

## 3. 空軍士官学校

イスタンブール国際空港近郊に位置している。学校組織は参謀長、教務部長、訓練部長、そして総務部長が大佐である。士官学校では四年間で工学士を取得するが、修士・博士を養成する研究所をも有している。一学年約二五〇名で半分は空軍高校から入校してくる。試験的に英語で教える科目をいくつか設定しているが、外国語は英語とスペイン語のみある。

学生舎は同学年五名で一室に居住している。

# 15　イギリス

英国では嘗てパブリック・スクールを卒業した者、現在では大学（一部高校）卒業生を、また下士官から選抜されて士官に昇任する者を短期間教育して士官を養成している。従って、学生の平均年齢は二十三歳前後である。学校長は准将である。

面白いのは、英語で陸軍士官学校を Royal Military Academy Sandhurst と言い、海軍は Britannia Royal Naval College、また空軍士官学校も Royal Air Force College Cranwell とばらばらな呼称法をとっていることであるが、それぞれの由来や伝統があるのであろう。

士官学校の校風は、全て個人の自主性を重視する内容で、教官は細かいことに余り口出しをしない。各学生は何も言われなくても自分自身が士官候補生であることを自覚して行動しており、平日の飲酒も可能である。

## 1．陸軍士官学校

南西部のサンドハーストに所在している。同校は一七四一年に設立された砲兵と工兵育成のための学校 Royal Military Academy、一八〇〇年に設立された士官高級課程学校・士官候補生学校 Royal Military College、Mons Officer Cadet School 及び女子を教育する Women's Royal Army Corps College の四つの学校を合併し、一九四七年に設立された。

教育理念としての設立目的は、軍事的教育や訓練を通じて初任務から要求されるリーダーシップ、知性、知識を涵養することであり、到達目標は、有事・平時を問わず、兵士を率いるためのリーダーシップを備えた士官となることである。さらに具体的な項目としては、①指揮官としての勇気と判断力（難しく危険な状況下でも決断が下せる気質を持つこと）の育成、②誠実性、無私無欲、忠誠心の育成、③指揮官としての思考力、コミュニケーション能力、個人に対する深い関心や配慮の育成、④連合王国陸軍のドクトリンに基づく基礎訓練の実施、⑤軍人としての考えや知恵の基盤として戦略・戦争研究の分析力育成、⑥基本的な技術と戦場における指揮官のあり方の育成である。教官はアフガニスタンやコソボ等で実戦経験を積んだ士官が殆どであり、実戦体験から滲み出る教育内容には説得力がある。

サンドハースト英陸軍士官学校の女性学生によるリーダーシップ訓練（2010年11月撮影）

　これまでウインストン・チャーチルや、新兵器戦車の将来性を見抜いて実用のための組織・ドクトリンを開発したフラー陸軍少将等多くの国家リーダーを輩出してきた。ウィリアム王子やヘンリー王子も当校を卒業している。八割以上を占める一般大学卒業生に対しては四十四週間の教育であるが、医官等の特別な職種の幹部候補生に関しては約一〇週間、また下士官から幹部になる者等のために三〜四週間の短期教育も行っている。一般大学からの学生は、年に一月、五月、九月の三回入校させている。大佐の参謀長は「防衛大学校のように時間をかけて教育できるシステムが羨ましい」と語っていた。

一回の入校生は二五〇名強で、そのうちの一割は女子、また旧植民地等四〇ヶ国弱からの海外留学生も一割強いる。学生対教官の比は10：1である。

学生が追求する徳目としては、自己犠牲によるコミットメント、勇気、規律、誠実、忠誠、他者への尊敬の六項目であり、徳育の一環として校内には立派な教会がある。

## 2．海軍士官学校

南西部のダートマスに所在し、旧日本の海軍兵学校があった江田島と米海軍士官学校があるアナポリスと共に、世界三大海軍士官学校として有名である。歴史的な赤レンガの重厚な建物と、内部の栄光ある英国海軍の展示品に伝統の重みを感じさせる。この建物の設計者は江田島の赤レンガと同じアストン・ウェッブ卿である。

一七三三年に開校し、一八三七年までの間は、現在海軍司令部があるポーツマスにある老朽艦ブリタニア号（学校の名前の由来）とヒンドスタン号の中にあった。一八六三年にブリタニア号が故障してダートマスに入港したのを契機に現地に移転、一九〇五年に現在の校舎が建設され、陸地に移転された。

　ダートマスの海軍士官学校では、大学卒業生あるいは一部高校卒業生及び下士官から士官に昇任する者を二十八週間教育しているが、大学卒業生が八割、女子も一割、また約二〇の外国からの学生も約四分の一を占めている。二十八週間の教育期間は二期間に別れ、前半の十四週間は校内での座学、後半の十四週間のうち一〇週間を航海実習に、最後の四週間は再度校内に戻って実習で得た知識の定着を図る。

　学生の入校時期は九月、一月、四月の年三回に別れ、一回に一五〇名前後の学生が入ってくるが、応募者は一回につき約六〇〇〇名いるので、かなり狭き門である。英国海軍の素晴らしい伝統を背景に厳しい訓練を実施している。

　海上訓練場は、防衛大学校のそれと同様、約二〇〇段の階段を降りること約一〇分かけて下ったダートマス河口にある。二〇〇九年に訪問した時にはヨット四隻と教材用の掃海

ダートマス英海軍士官学校から河口の海上訓練場を見下ろす（2009年10月撮影）

艇、それとシングル及びダブル・エンジンの約一〇名乗りの機動艇を教材として使用していた。

## ３．空軍士官学校

英国は、米国を始めとする各国が第二次大戦後に空軍を創設したのに先駆け、第一次大戦終了後に空軍を創設しているため、空軍士官学校も一九二〇年に開設していることから、空軍士官学校としては、世界で最も古い伝統を誇っている。一九七七年には士官教育の一層の合理化が行われ、一九七八年からは連合王国空軍における全ての士官教育は、このクランウエル空軍士官学校で行われるようになった。

クランウエル英国空軍士官学校
（先方のブリーフィングCDから）

クランウエル空軍士官学校は首都ロンドンから北へ約一時間鉄道で行ったグランサムに所在する。二週間の休暇を含む三十二週間の極めてタイトなスケジュールの教育をしている。士官学校の隣には飛行場を保有し、またシュミレーター訓練の設備は極めて充実している。三十二週間の内訳は、第一期の約一〇週間は軍隊の基礎を、第二期の約一〇週間は発展段階としてリーダーシップやアカデミックを、第三期の約一〇週間は応用期間となっている。アカデミックな教育を担当する教授陣はキングズ・カレッジ・ロンドン等、一般大学から来ている文官も多い。

入校する学生数は、六〇〇名強であり、ほぼ半分が大学卒業者で、外国・コモンウエルスと呼ばれる旧植民地からの学生が五％弱、高校から入る者と下士官から昇任する者が、それぞれ二五％を占める。卒業後の配置は約三割が飛行配置、残りの七割が地上配置である。

大学から入校する学生の学生隊は、三個分隊から成る小隊に約三〇名の候補生がおり、その小隊五個から構成されている。徳目としては、他を尊敬する礼節、そして信義、勇気、責任を強調している。卒業後は、専門訓練でパイロット・コース（二六％）、地上勤務（七二％）、その他（二％）へと進む。

## 16　米　国

米国の士官学校は、卒業して直ぐ幹部に任官する点を除けば、四年間で一般大学と同様の一般教育を行って学士を取得すると共に、一般大学では長い夏休みを短くして軍事学や訓練をも行うといった点において防衛大学校のモデルと言える。欧州の士官学校では長期教育を行っているフランスですら入校時既に学士を取得、卒業時には修士を取得するといったシステム上の相違点がある。

士官学校の学生規模は陸・海・空ともほぼ同じ、一学年一〇〇〇名前後で合計約四〇〇〇名である。入校時は一二〇〇～一三〇〇名採用するが、その後の減耗により、卒業時には八〇〇名前後に減ってしまう。敷地の規模は、陸軍士官学校が防衛大学校の約一〇〇倍、空軍士官学校が約一二〇倍、海を訓練場としている海軍士官学校でも防大の約二倍ある。

米国の士官学校は、毎年民間団体が行っている米国内大学ランキングで、トップ10に入ることが多い。従ってアメリカの士官学校の学生は、皆誇りを持っている。しかし大学院を併設している士官学校はなく、卒業生は科学学士を与えられる。受験の推薦状は一人の下院議員及び二人の上院議員あるいは副大統領から得る必要がある。

卒業後は士官として五年、予備役として三年間勤務する義務がある。このため、学生は全員が将来士官になることを自覚しているためにプロ意識が高い。ところが五年間の義務年限終了後、ほぼ三分の一は軍を去ってしまう。日本の場合、防衛大学校卒業者に義務年限はないので在学中のプロ意識は希薄であるが、一度自衛隊に奉職した者は、大多数の者が将来にわたって自衛隊に勤務するので、義務年限設定に関して一概に善し悪しを判断することは難しい。ただ米国士官学校の場合、四学時に将来の職種が言い渡され、職種希望が通るか否かは学科の成績や士官としての適性に左右されるのでプロ意識がいやが上にも高まっていると言える。

学校長は通常、中将であるが、少将が就任する場合もあり、例外として大将が就いた場合もある。これは一九九〇年代中葉に米海軍士官学校長が、太平洋軍司令官を終了（一九八〇年代中葉に一度米海軍士官学校長を経験）したラーソン海軍大将が就任した例があったが、これはテール・フック事件というスキャンダルの事後措置としての特別なケースである。スキャンダルに関連して、女子学生は三校とも一九七六年から入校が開始され、比率は約一五％である。
三校とも自主自立の校風が徹底しており、中隊に配属されている指導幹部は原則として、学生隊運営に意見を差し挟むことはない。その意味では上から一括管理されず、学生が多様性を持って生活していると言える。このため、全てが自己責任に基づくため未成熟な幹部を輩出するリスクもあるが、権限と責任を与えられているが故にリーダーとしての資質をどこまでも伸ばすこともできる。この点が、どちらかと言えば均質な学生を育てる防衛大学校教育との差でもある。

士官学校は軍種別であるが、陸・海・空お互いに交換学生を派遣し合っている。また国際交流に関しても、開発途上国から四年間受け入れている場合もあれば、先進諸国とは一学期交換学生制度を確立しており、さらには短期交流や国際情勢会議を春に行って多くの国の士官候補生と交流していることも共通している。海軍士官学校では国内の沿岸警備隊士官学校（Coast Guard Academy）や商船大学（Merchant Marine Academy）とも学生を交換している。

防衛大学校との候補生交流は、短期に関しては一九七二年から開始されたが、一学期交換制度は海軍士官学校との二〇〇六年が最初で、翌二〇〇七年に空軍士官学校と、二〇〇九年から陸軍士官学校と開始されている。また短期派遣に関しては、現在各三軍士官学校で約１週間行われている国際情勢会議に参加することとなっている。

三軍士官学校とも「盗むな、嘘をつくな、騙すな（カンニングをするな）」という学生綱領を持ち、学生自身で、その厳格な履行を管理している。米国の士官学校では、こうした学生綱領の管理・徹底を始めとして学生舎生活を学生自らの企画・運営によって行う自主自立精神が基本であり、学生に与えられた銃も自己の責任において管理している。陸及び空軍士官学校では、この三項目の後に、「こうした行為を行った学生を見過ごすな」という項目が入り、不正行為を発見した者が、それを報告しないと同罪者として罰せられるが、海軍士官学校だけには、この項目は入っていない。この事実を知った猪木正道第三代防大校長は「これぞ海軍の良識」と言った。狭い艦内で内部告発を容認することになれば、艦全体が暗いムードになるという海軍独特の背景があるように思われる。

米国の士官学校には、自衛隊から交換教官（米側からは各自衛隊の幹部候補生学校に教官を派遣）が派遣されている。米軍との共同訓練の開始が、海は一九五〇年代、空が一九七〇年代、陸が一九八〇年代に開始された歴史同様、米海軍士官学校との交換教官制度は一九七〇年から開始、その数年後に米空軍士官学校が、米陸軍士官学校とは二〇一二年になってからである。

筆者は一九八〇年から一九八二年までの間、第六代の交換教官として米海軍士官学校の防衛学部（Professional Development Division）で航海・運用・戦術・操船法（Seamanship, Navigation, Tactics, Shiphandling）を教えたが、第五代の前半までは日本語を教えており、日本語講座が閉鎖されたことに伴い防衛学部で教えることとなった。しかし天安門事件で中国語の人気が激減したことから、日本語講座が復活し二〇〇八年からは米・国際学部（U. S. and International Division）にも政治学や日本語を教える一等海佐が派遣されるようになった。これも日米両サービスの結びつきを強固にしている。例えば二〇一二年、防衛大学校における筆者の英語による教務「同盟国としての米国」の一コマを担当してくれた米海軍厚木基地司令官（当時）のシーン・バック海軍少将は、筆者が米海軍士官学校の交換教官時代に天文航法を教えた学生であり、筆者は覚えていないが「学生当時寝ていて教官に注意された」と語っていた。

ＶＭＩを含む米士官学校での日本語教育の盛衰は、即米国（軍）がアジアにおいて、日中のどちらをパートナーとして考えているか、また各士官学校における交換教官制度の開始時期は、日米間の各サービスの結びつき度合いを象徴していると言える。

筆者は米国で、海軍士官学校だけでなく国防大学等の軍の教育機関、また一般大学では西岸のスタンフォード大学や東岸のジョンズ・ホプキンズ大学にも籍を置いてきた。その経験から米国と日本の大学の違いを述べてみると、米国では、どこでも指定読書（Reading Assignments）を課し、それを事前に読んで来ているという前提の元に教官が質問、それに対して学生が回答して積極的に参画するといった双方向の参画方式でなされている。筆者は、この双方向教務方式を防衛大学校で実践しようと試みて学生に Reading Assignment を課すのであるが、読んでこないためか質問を投げかけてもレスポンスがないので止むを得ず自分で回答し、一方通行の垂れ流し的教務になってしまい勝ちであった。

また士官学校では、指定読書に加えて宿題やクイズ（小テスト）を出して採点・フィードバックさせ、かつ座学で学んだ内容を実習で定着、四週間毎のテストののち最終試験といったプロセスを踏む。これに対し日本では一方通行的垂れ流し講義が多いため学生は半睡状態で、しかも試験は期末テストの一発勝負が多い。さらに、日本の大学では防衛大学校を含め九〇分授業が一般的であるため緊張感が持続しないが、米国の士官学校では一時間弱授業であるため集中できる。この点は、米国の士官学校に長期派遣された学生全員が認めている点であり、筆者も一時間弱授業の方が優れていると思う。

## 1．陸軍士官学校

ニューヨークからハドソン川を車で約一時間上流に遡った、独立戦争時代の戦略的要衝、ウエスト・ポイントに所在する。独立戦争時、英国はハドソン川をコントロールして川の東部と西部との分断を企図したが、米側は川に鎖を入れて英国船の北上を阻止した。その時に使用された鎖は、陸軍士官学校内のハドソン川を見下ろす高台に展示されている。従って、士官学校設立以前、当地は要塞でありハドソン川から見上げると、その状況が良く認識できる。

ウエスト・ポイント出身の大統領としてはアイゼンハワー、また有名な将軍としてはパーシング、マッカーサーなどを輩出し、南北戦争の両リーダーであるグラント及びリー将軍も同校の卒業生である。校内には国父ワシントンを始めとして、マッカーサー元帥や戦車戦の英雄パットン将軍等の銅像がある。教官は海・空士官学校に比し軍人が多い。米国三軍士官学校の中では、最も歴史が古く、一八〇二年の設立であり、当時の大統領トマス・ジェファーソンの命によって設立された。防衛大学校も創設時に、ウエスト・ポイントから複数のアドバイザーを得ている。

ハドソン川から見上げた米陸軍士官学校
（2011年秋学期に防大から派遣された学生が撮影）

教育理念は、知性（Intellectual）、体力（Physical）、軍事（Military）、倫理（Ethical）、社交（Social）、人間性（Human Spirit）の六つの大きな柱からなる。さらに米国陸軍士官像としては、①責任（Responsible）②知識（Informed）③聡明（Knowledgeable）④独創（Self-directed）四つを保有することを掲げている。卒業後は各職種学校に進み、それが終了すると全員アフガニスタンに約一年間、小隊長として派遣されることが決まっているので、学生のプロ意識は高い。

教えている第二外国語は仏、独、西、露、中、アラビア、そしてポルトガル語である。ポルトガル語を教えているのは、ブラジルの将来を見込んでのことであろう。防衛大学校での一学期交流では、防大での授業を聞いて試験を受け、単位を取るためには日本語の素養がなければならない。米国の海・空軍士官学校が日本語を第二外国語として教えているのに対し、陸軍士官学校では某教官がボランティアでは教えているものの、日本語を学んでも単位として認定されていない。

筆者が一学期交換学生制度確立のために最初に陸軍士官学校を単身訪れたのは二〇〇六年九月であり、当時のハゲンベック校長（中将）は「当校ではいくつかの国と一学期交換学生プログラムを実施しているが、今後は経済発展著しいアジアの国々との交換プログラムを重点的に推進したいと考えている。現在、当校では七外国語を教えており、日本語の課程は正課には含まれていないが、各学年（約一〇〇〇名）には一〇名強、日本語のできる学生がいる。これらの学生は高校で日本語を履修したか、日本に住んでいたか、祖先が日本人であったりして、この中から防衛大学校に一学期交換学生を派出することは可能である。勿論外国に派遣する学生は成績だけでなく知徳体全てに優れていなければならないので、日本語がうまくても交換学生として選抜できない場合もあり、毎年二名を必ず交換するという訳にはいかないかもしれない。場合によっては派出学生ゼロの年もあるかもしれないが、私は昨年キャンプ座間にも行っており、今後陸軍としても日本との関係を強化していく必要があることから、是非防衛大学校との交換プログラムを推進したいと思っている。」とのことであったが、実際に防大と一学期交流を開始したのは、米国の三軍士官学校の中では最も遅く二〇〇九年からになってしまった。

しかし米陸軍士官学校では、かなり前から中国に対しては費用が嵩む民間の大学に学生を送っているし、ロシアにも、また南米やヨーロッパにも学生を派遣している。受け入れに関しては、二〇一二年現在、一学期交換学生を受け入れている国は日本の外、オーストラリア、ブラジル、チリ、フランス、ドイツ、韓国の七ヶ国である。

また四年間の全てを陸軍士官学校で過ごす課程には最大六〇名留学生を受け入れており、二〇一二年入校の留学生派遣国は、アフガニスタン（二名）、ブルガリア、ガボン、ギニア、ハイチ、カザフスタン（二名）、韓国、マレーシア、モンゴル、フィリピン、カタール、サウジアラビア、タイの十三ヶ国、計十五名である。

防衛大学校へ一学期交流で派遣される学生は、両親のうちどちらかが日本人で日本語ができるか、親の仕事の関係で日本に居住していた学生一名のみである。このため相互主義の観点から、防大から陸軍士官学校へ派遣されるのも一名となる。しかし、防大では陸・海・空のバランス上各要員とも米国への一学期派遣は同数を選抜しなければならないため、陸上要員も二名選抜し、一人は当初空軍士官学校や、卒業生のうち約四分の一は海兵隊に進む海軍士官学校へ派遣していたが、二〇一一年からは予備役学生（Reserve Officer Training Corps-ROTC-）を養成している、既述のＶＭＩに派遣することになった。

## ２．海軍士官学校

首都ワシントンから東に約一時間行ったメリーランド州の、嘗ての首都アナポリスに存在する。陸軍士官学校がニューヨークに出るまで一時間以上、空軍士官学校に至っては街まで出るのに相当な時間を要するのに対し、海軍士官学校は門を出て歩けばアナポリスのダウンタウンがあって息抜きができるためか、陸・空軍士官学校に比べて途中退校者の数が少ない。卒業生の中には嘗ての大統領カーターがおり、海軍軍人ではニミッツ、キングなどを輩出している。

米陸軍のトップである陸軍参謀総長にウエストポイント出身者はそれほど多くないのに対し、米海軍のトップである海軍作戦部長（Chief of Naval Operations-CNO-）は、一九九〇年代中期在任中に自殺したボーダ大将と二〇〇〇年代前半のクラーク大将を除き全てアナポリス出身者である。創立は一八四五年で、英国海軍をモデルとして立ち上がった。

海軍士官学校は三軍の士官学校の中でも、最も教官における文官の比率が高く、筆者が交換教官時代は約半数、現在では約七〇％が文官である。教官総数は約五〇〇名であるため、教官対学生の比は１：９である。二〇一二年現在、専攻の数は二十三あり、そのうちの約六五％にあたる十七が理工学系、他が文系である。

受験者は約二万人で、その中から約一二〇〇名が学生として入校するが、卒業時には、年にもよるが一〇〇〇名以下に減耗する。卒業生は、ほぼ四分の一ずつ水上艦艇、潜水艦、航空、海兵隊に分かれる。

---

学校長の執務室がある建物は、極めて小さく質素である。この建物の中には、学校長、人事・広報担当官、法律顧問、そして関係する副官、秘書がいるだけで、これで学校の管理職員が全てかと思うほど手狭である。これは「学校長を始めとする管理職員が手狭かつ質素な建物に入り、学生に立派な建物に住まわせる米海軍士官学校の伝統である」ということを、筆者が当校の交換教官時代に聞いた。

この本館の隣には教会があり、地下に独立戦争の海戦の英雄ジョン・ポール・ジョーンズの棺が安置され、常に衛兵が警護している。ジョン・ポール・ジョーンズは敵である英海軍の艦長から降伏を勧告された際、「戦いは未だ始まっていない（I have not yet begun to fight!）」との敢闘精神を示したことで有名である。教官が成績の悪い学生を呼びつけて責めたところ、その学生は「未だ勉強を始めていない（I have not yet begun to study!）」と答えたというエピソードがあった。

米海軍士官学校の本館（学校長等執務室）
（2011年12月海上自衛隊連絡官撮影）

バンクラフト・ホールと呼ばれる学生舎の中央を上がっていくと、正面に「船を見捨てるな（Don't Give Up the Ship!）」という旗が掲げられている。これは一八一二〜一八一四年の第二次米英戦争時、軍艦チェサピークのローレンス艦長が口にした言葉を、友人であるペリー提督（日本に来たペリー提督の兄）がエリー湖の戦いで掲げたものである。これには「自己の職責を果たして逃げるな！」という精神的な意味と、被害を受けても艦を持ちこたえるダメージ・コントロール能力の技術的側面として米海軍の伝統となっている。第二次大戦で日本海軍は被害を受けると保全上の観点から簡単に艦を沈めてしまったが米海軍艦艇は最後まで諦めずに修理地まで回航して戦力の回復を図ったケースが多かった。今でも米海軍士官学校に入校する新入生には、入校式前の訓練（Plebe Summer と呼称）で、艦が被害を受けた時、必要な防火・防水訓練を徹底的に叩き込んでいる。こうした応急（Damage Control）訓練は、防衛大学校では四学年を通じても経験しない。従って、米海軍士官の意識の中には若い時からダメージ・コントロールについての観念が強く染み込んでいると言える。

この旗の下に、アナポリス出身で殉職した人達の名簿があるが、江田島の教育参考館で膨大な戦死者名碑を見ている者にとっては「意外と少ない」という印象を持つ。

教場の名称は、著名な海軍士官学校のかつての教官や卒業生の名前を付けたものが多い。米国で科学部門における最初のノーベル賞を受賞したのは物理学者で当時海軍士官学校の教官をしていたマイケルソンだったが、物理学館には彼の名前が、また歴史学館はマハン・ホール、図書館はニミッツ・ライブラリーと名付けられている。

教育している第二外国語は仏、独、西、露、中、アラビア、そして日本語である。このため、防衛大学校との一学期交換制度は確立し易い。

国際交流に関しては、外国軍人教官を九ヶ国から一〇名入れている。また全四年間を米国人学生と共に過ごすプログラムは、法律で一学年当たり六〇名以下と定められており、二〇一二年に入校した外国人学生は三一ヶ国、五八名である。この他に九ヶ国と一学期交流を行っており、また数週間の短期交流プログラムもある。また国際会議として国際情勢とリーダーシップを議題とする会議がある。二〇一二年現在、四二〇名の学生が何らかの形で、こうした外国文化を認識する機会を与えられているが、これを二〇一五年までに年間七〇〇名に増やす計画である。こうした国際交流は、受け入れに関しては以前からあったものの、派遣に関しては約一〇年前からの新しい試みであり、年々派遣学生の数が増加しているのは、米国がイラクやアフガニスタン等でのコアリション作戦の戦訓から、いかに地域文化の理解や語学能力の向上といった異文化コミュニケーションを重視し始めているからではないかと思われる。

## ３．空軍士官学校

米国の士官学校の中では最も新しく、一九五八年の設立であるので歴史は防衛大学校とほぼ同じである。コロラド州のコロラド・スプリングスに所在する。

学校の組織は、任務である智（mental）・徳（moral）・体（physical）教育をそのまま組織化しており、教務部長（Dean）、学生隊長（Commandant）、そして体育学部長の三本柱から成っている。学生隊長と教務部長は准将が就いている。これは陸軍士官学校と同じであるが、海軍士官学校では教務部長（Dean）は文官である。このため、空軍士官学校教官内の軍人は文民より多い。専攻は三〇用意されており、そのうち三分の一の一〇専攻が、歴史学や経済学といった文系である。二〇一二年秋に一学期防大から派遣された学生によれば、この比率は理工系六割に対し文系四割になっているそうである。

二〇〇六年九月に訪問した際、当時の学校長ラングニ空軍中将から、「一学期交換学生対象

米空軍士官学校のチャペル
（2011年秋学期に防大から派遣された学生が撮影）

士官学校は法律で二十四と定められており、このうち十八は既に埋まり、残り6の枠のうちアルゼンチンとブラジルが手を挙げているので、早くしないと日本との交換ができなくなる。当校で日本語を専攻している学生は多く、レベルも高い。しかも優秀な学生が多いにも拘わらず、日本の防衛大学校との交換プログラムがないために、なかなかモティベーションが高まらない。」と言われ、翌二〇〇七年から二名ずつの一学期交換を開始した。なお四年間を米空軍士官学校で過ごす海外からの留学生は約五〇ヶ国から派遣されている。

三軍士官学校ともモラル教育の一環として立派な教会を持っているが、その中でも空軍士官学校のチャペルは見事なステンド・グラスが伸び一際立派である。

教育している第二外国語は仏、独、西、露、中、アラビア、ポルトガル語、そして日本語の八ヶ国語である。このため防衛大学校との一学期交換制度は確立し易く、米海軍士官学校との一学期交流が成就した翌年の二〇〇七年から開始された。

海軍士官学校には海上自衛隊から一九七〇年以降、連絡官と称して日本語や防衛学を教える幹部が配されたが、その直後に空軍士官学校にも航空自衛隊から連絡幹部が配置されている。陸軍士官学校に陸上自衛隊から連絡官が配置されたのは二〇一二年からであり、ここにも、陸・海・空各サービスの米軍との結びつきの度合いの縮図のようなものを垣間見ることができる。米陸軍にとって日本の存在は「多くの国の中の一つ（One of them）」に過ぎないといった印象を受け、多くの基地を置いている海・空軍とは状況が異なる。

## 17　ベトナム

### １．陸　軍

首都ハノイから西に約四〇㎞行った軍の学校が集中しているソンテイ地区に、一九四五年に設立された第一陸軍士官学校（トラン・クェオク・ツアム大学と呼称）が、南部のホーチミン市から東に約六〇㎞行ったロムナイ省に、一九六一年に設立された第二陸軍士官学校があり、両士官学校とも約五八〇〇名の学生を四年間教育している。

第一陸軍士官学校は、ベトナム北部における陸軍士官学校の基幹学校として、中隊長クラス

第一陸軍士官学校内で見かけた行軍風景
（2011年9月撮影）

以上を教育していると共に軍の教育者の教育も行っている。これまで一〇万人以上の越軍幹部を育成しており、三〇〇人以上が将官になっている。またラオス軍人の教育等、海外からの留学生に対する教育も行っている。陸軍将官の約七割は、この両陸軍士官学校の卒業生で占められる。第一士官学校に付けられた名前は、度重なる蒙古来襲を追い払った将軍の名前を付けており、ベトナムでは度重なる北からの侵略に打ち勝ったことを大きな誇りとしていることが窺われる。

高卒者を対象とした課程について、その入学資格は、①政治・道徳的に正しい考え方を有していること、②身元調査を受けていること、③高卒（大学入試に合格している）であること、④健康であること、⑤個人の希望が国家の考え方に合致すること等が挙げられる。

また四年制をとっており、①一年目：基礎教育、②二年目：海空の教育等より広範囲な一般的教育、③三年目：中隊長教育、④四年目：専門教育、総合演習や部隊派遣研修等となっており、国家試験に合格した後、中隊長（規模は三〇名程度）として部隊で勤務することになる。

その後、大隊長、連隊長への道も開かれる。卒業後の階級は通常、少尉であり、成績優秀なものは中尉として部隊に派遣される。

教育内容の六七％が職能教育、残りの三三％が基礎教育といった実戦的な教育内容であり、ベトナム戦争の経験からの教育内容で、例えば行軍は三〇kgの装備を身につけて三〇〇km行う模様である。校内には二人で天秤棒に何かをぶら下げて歩行している学生の姿や、水槽のような施設を利用して作成したプールで水泳する学生がいた。学校内の博物館にはベトナム戦争を勝ち上がって、士官学校を発展させてきた歴史が展示されている。

## ２．海　軍

ベトナム国土の中では最も東に位置するナチャン（カムラン湾の直ぐ北）にあるが、訪問していないので詳細は不明である。またナチャンには空軍のパイロットのための士官学校もある模様である。

## ３．空　軍

やはり軍学校が集中するハノイの西のソンテイ地区に防空士官学校が存在する。一九六四年に高射士官学校として設立し、ベトナム戦争中は、対空火器によって九十一機の米軍機を撃ち落したと自慢していた。学校長は中将であるが、他の軍学校同様、少将の副校長兼政治局員が数名いる。学生数は約三〇〇〇名で十四の学科に分かれて専門教育を受け、修士取得を目指す課程を有する研究科も存在する。

当校では大卒相当の中隊長クラス以上と軍の参謀や技術将校をも教育している。ミサイル・高射・レーダーの教育を主に実施している。教官は一〇〇%が大卒または研究者としての資格を有し、教授・准教授の資格を有している。

学校長は「ベトナムでは教育の近代化に力を入れており、教育面での国際協力にも力を入れている」と述べていた。

## 4. 軍事科学技術学院（Military University of Science and Technology）

ハノイ市内にあり、一九九八年に設立、歴代防衛大学校に留学生を派遣している派遣元となっている。ベトナムは作戦・用兵を教えている陸・海・空・防空の各士官学校からは防衛大学校に学生を派遣していない。ベトナム戦争で実戦を体験しているので用兵を学びに行かせる必要はなく、日本には科学技術だけ学ばせれば良いという意識があるのであろう。

当学院で学士を教育しているのは陸軍の士官候補生のみで、大学院には海・空軍の学生や公安部門、そして民間からの委託学生がいる。学生隊は専攻学科毎四個大隊に分かれており、一個大隊の学生数は約三六〇〇名であるので、学生総数は一五〇〇名弱となる。教官には防大の本科や研究科の卒業生が多い。

学生舎を見学したが、学生の自主自立の管理方式ではない。防衛大学校で本科、研究科前・後期の合計約一〇年を過ごしたベトナムの留学生は、帰国後軍事科学技術院長に防大の自主自立の学生舎生活についてブリーフィングを行ったと言う。居住区のベッドは、女子隊舎をも含めて硬い下地の上に筵一枚で枕も無く、野戦即応型と言える。教場には当然冷房などはなく、質実剛健な学生が育っている。

防衛大学校は主としてアジア諸国から研究科を含めて毎年約一〇〇名の留学生を受け入れ、一九六〇年代から総数としては約五〇〇〇名の外国人卒業生を輩出しているが、その中で日本人学生に伍して学科や体力褒章を受ける学生の数では、他の比較的おっとりしたアジア諸国とは違い、緊張感のあるベトナムからの留学生が群を抜いている。

防空士官学校の全貌を博物館内の模型を使用して説明する学校長（2011年9月撮影）

この他に、防衛大学校と英語名が同じ国防学院（National Defense Academy）がハノイ市内に存在するが、ここは日本の防衛研究所のような高級幹部を教育する機関で、学生は軍人だけでなく高級官僚も学んでおり、次の教育を実施している。①一年制の戦略教育（他に二年制の修士と三年制の博士課程もある）、②各省知事・副知事への国防に関する教育（必要に応じ、大臣・次官への教育も実施）、③科学専門教育、④国際幹部教育。また、これまで一〇〇〇人以上の諸外国からの留学生を受け入れている。

軍事科学技術学院の学生居住区。硬いプレートの上に筵だけのベッドに注目（2011年9月撮影）

国防学院の学生達。地方自治体の副知事クラス（私服の学生）もいる（2011年9月撮影）

第3章

# 混合型

混合型は、長期の統合大学と短期の軍種別士官学校（幹部候補生学校）の組み合わせであり、このカテゴリーにはオーストラリア、ドイツ、インド、そして日本もこの中に入る。

## 1　オーストラリア

当初は米国同様、軍種毎の士官学校であったが、一九八四年に現在の統合士官学校(Australian Defense Force Academy-ADFA-)となった。ＡＤＦＡは首都キャンベラに所在する。

ＡＤＦＡ設立に当たっては、三軍統合の防衛大学校が参考にされた。ただ、各軍種の士官学校はそのまま残っており、ＡＤＦＡに入校する前、また卒業後、自衛隊の幹部候補生学校のように短期間軍種訓練を行うために入校することとなっている。ただ陸上要員に関しては、ＡＤＦＡの隣にある陸軍の学校で約十二ヶ月間の軍事訓練を受けて職種が決定、部隊に配属になるが、海・空要員はＡＤＦＡ在学中に職種が決定し、卒業後はそのまま部隊配属となる。

ＡＤＦＡの修業期間は一月入校の十二月卒業という三年間であるが、指揮官課程と技術者課程の二つに分けられ、一部の理工系専攻の学生は四年間かけている。在学中、指揮官課程の学生に対しては訓練中心の授業、技術者課程の学生には理工系の授業を中心に行っている。ＡＤＦＡは軍事訓練の教育に関してはオーストラリア軍が行い、学業に関してはシドニーに本校があるニュー・サウス・ウエールズ大学の教官が住み込みで教育するというユニークな方式を採っている。こうした委託教官が大学院教育も行っている。

士官学校に修士及び博士課程を、文系・理工系とも保有している点で防衛大学校と極めて良く似ている。学生数は防大の約半分の約一〇〇〇名であり、陸・海・空の比は３：１：２となっている。女子学生に関しては、全体の約二〇％を占めている。女子学生が約二〇％というのは、カナダ、チリと並んで世界の士官学校の中でも最も女子が多い部類に属し、それに起因するトラブルも多い。

ADFA学校長代行（当時）Goldrick海軍少将と、パレード場の前で（2011年9月撮影）

防衛大学校と異なる点は、入校する時から陸・海・空の要員が決まっており、入校前に軍種別の士官学校で、ある程度の訓練を受けてから入ってきているところである。また防大のように八人部屋ではなく、学生の部屋は個室となっている。学生隊は五つの中隊（Squadron）で構成され、一個中隊はさらに数個の分隊（Division）から成っている。

ＡＤＦＡの一学期学生交換は、かつてカナダの統合士官学校（Royal Military

College of Canada-RMCC-）と行っていたが、一九九〇年代に中止され、現在はどこの士官学校にも長期間学生を派遣していない。受け入れに関しては米予備役士官訓練（Reserve Officer Training Corps-ROTC-）を行っているヴァーモント州のノーウィッチ大学やフランスの陸軍士官学校等から一学期間受託しており、三～四年間の全コースの受け入れに関してはニュージーランド、マレーシア等五～六ヶ国から受け入れている。

学校長は陸・海・空の准将が持ち回りで就くが、筆者が訪問した二〇一一年九月時は、准将の学校長が男女学生間の不祥事のために一時任務を解かれ、何代か前に学校長であった海軍少将が代行（Acting）を行っていた。ＡＤＦＡの上部組織はオーストラリア国防総合大学（Australian Defense University-ADU-）で、この組織の長が少将であり、彼は士官学校のみならず、中・上級幹部を教育する指揮・幕僚学校やシンクタンクである研究所等も統括している。

学校のモットーとしては「知識（scientia）」「指導（to lead）」「卓越（to excel）」の三つが掲げられ、副目に「他人を敬え（Respect Others）」、「最善を尽くせ（Do your Best）」「正直であれ（Be Honest）」、「全員に公平な命令を下せ（Give Everyone a Fair Go）」の四つが存在する。これらのモットーは、校章や食堂、廊下等で頻繁に目にする。

オーストラリアは同盟国アメリカを除いて最も安全保障上密接な関係を持っているため、早期に一学期交換を具現化したかったが、南半球にあることによる時期のミスマッチ等の問題もあって具現化したのは二〇一二年秋学期からとなってしまった。二〇一一年九月の訪問時、Ａ

ＤＦＡ校長は「海上要員であれば訓練の関係で派遣できる」としていたので防大も海上要員を派遣したが、実際にＡＤＦＡから派遣されてきたのは陸上要員であり、彼も筆者の英語による二つの教務を受講した。

## 2　ドイツ

ドイツは陸軍士官学校が旧東ドイツのドレスデンに、海軍士官学校がキール北方に、空軍士官学校がミュンヘン近郊に存在するが、期間は約一年で、その前後に部隊での訓練を受けて入校、事後英語教育の後ハンブルグ及びミュンヘンにある連邦軍大学に入校し、再度士官学校に戻って短期の訓練を受けた後、職種毎の教育を受ける。連邦軍大学は四年制で陸・海・空混合であり、卒業後再び、それぞれの軍種の学校で専門特技教育を受けることになっていることから、ドイツは混合型と言える。

防衛大学校では学業・訓練・体育・語学教育等を並列に進めているが、ドイツでは士官教育の制度が、六ヶ月の基礎訓練↓三ヶ月の士官学校↓三ヶ月の見習い↓三ヶ月の英語教育↓四年間のアカデミック教育↓再度士官学校に戻って三ヶ月の訓練↓職種別教育といったブロック積み上げ的な直列式である。従って陸・海・空士官学校では、最初の短期基礎教育と、連邦軍大学での四年間のアカデミック教育後の再度の軍教育を担当している。

ドレスデンのドイツ陸軍士官学校
（学校紹介ブリーフィングで使用されたスライドから）

学生は階級的には、最初の基礎教育の期間は兵の階級であるが、入隊から三年後の連邦軍大学在学中に少尉に任官する。

ドイツの軍人は、かつてのプロシャ軍参謀本部や、ましてやヒトラー時代の軍をモデルとしている訳ではなく「制服を着た市民たれ」をモットーにしている。

防衛大学校からは、最初にケルン近郊にある連邦語学庁で三ヶ月ドイツ語を履修させ、その後、陸及び空軍士官学校で約一ヶ月訓練に従事させるプログラムを二〇一一年から開始した。

連邦語学庁は一九六九年にドイツ軍通訳学校とドイツ軍語学学校が統合されて設立されたため、国防省の組織ではあるが、外務省が語学教育機関を持たないため、ドイツ各省庁の留学予定者に対する教育機関でもある。語学庁においては、専門職として採用された一〇〇名以上の文官教官を有し、四十七ヶ国言語の教育が可能である。このうち、常設されている語学課程は十二言語であり、その他三十五言語は必要に応じて開講される。

### １．陸軍士官学校

ドレスデンは旧東ドイツ領であったため、陸軍士官学校として、この地に開設されたのは、冷戦終結後の一九九八年（建設開始は一九九五年）である。近くにある軍事博物館も軍の施設である。学校長は准将で、教育は図上演習を主としており、ロジスティックが大変重視されているという印象を受ける。女子学生は全体の約七％を占める。

国際交流としては、英・仏との交流を重視している。また二〇〇九年からは、ＮＡＴＯ加盟国を中心として十四ヶ国から三十五名の代表と七日間の交流活動を行っている。また同じ二〇〇九年からＮＡＴＯ以外の一〇ヶ国から二十一名の代表と、三〜四日間の交流プログラムを行っている。

### ２．海軍士官学校

元来、軍港で有名なキールにあったが、キール市内が余りにも発展してしまったため、一九一〇年にウイルヘルムⅡ世により、キールよりさらに北にあるデンマーク国境沿いのフレンスブルグに移設された。校内の歴史資料博物館はかつてアドルフ・ヒトラーが使用しており、中には旧ドイツ海軍旗も展示してある。敷地は防衛大学校よりも一回り広い。海軍の基礎訓練に教育の重点が置かれているため、海技訓練場は充実している。

当校での教育は約十五ヶ月であり、その後約四年間連邦軍大学でアカデミックな教育を受けた後、再び当校、あるいは海軍の各機関で十二ヶ月の特別訓練を受ける。十五ヶ月の教育の内

ドイツ海軍士官学校の外観
（2010年防大から短期派遣された学生が撮影）

ドイツ空軍士官学校正門
（2011年に防大から派遣された学生が撮影）

容は、まず七週間の基礎訓練、次いで基礎歩兵訓練・基礎シーマンシップ訓練・基礎航海訓練をそれぞれ六週間受け、その次にフリート・インターンシップを五～六週間、最後に海技技術インターンシップ・軍事インターンシップ・語学訓練を約八週間受ける。ドイツの海軍士官学校の特色としては、警察の海上警備部隊と合同の訓練を行っていることが挙げられる。

## 3．空軍士官学校

ミュンヘンから路面電車で約三〇分のフステンフェルトブルグに所在、約一〇ヶ月の基礎教育を提供し、その後の連邦軍大学に繋げる。さらに連邦軍大学の教育課程を終了後、再度当地に戻り、八週間基礎的訓練の復習と部隊配置前教育を行う。その後、一～二年半の間各職種の専門教育を受けた後、部隊に配属される。従って教官はほとんどが軍人である。

最初の空軍士官学校は一九五八年に設立、一九七三年からその施設は連邦軍高等学校（現在のミュンヘン連邦軍大学）として使われるようになったため、一九七七年の夏に三回目の移転で、現在のフステンフェルトブルクに設置された。現在でも、既に老朽化が進んでいるため、近い将来移転する予定であるという。

学校長は准将である。教育理念は「私がやる（Ich will！-英訳：I will！-）である。

かつては滑走路を有する広大な空軍施設があったが、一九九七年に軍事費削減の影響で滑走路は民間に売却されてしまった。教育内容は、学科教育がなく軍事に特化し、訓練は行軍、障害走、射撃、サバイバル訓練など基礎的ではあるが実戦を意識した厳しい訓練が行われる。射

ミュンヘンの連邦軍大学紹介パワーポイントから（2009年10月訪問）

撃に関しては立派なシュミレーターが多く備えられている。講義は学生の挙手発言が中心であり、学生は積極的に参画、また学生の生活環境は自主性に任せたものとなっている。女子学生は全体の約一〇％を占める。

国際交流に関しては、ＮＡＴＯ諸国は勿論のこと、韓国、アルジェリア、タイ、ベトナム、アフガニスタン、アルバニア、カザフスタン、モンゴル、マリ等から留学生を受け入れている。

## 4．連邦軍大学

文系・理工系ともに教育しているミュンヘンと、理工系のみのハンブルグの二つの大学があり、陸・海・空の基礎教育の後、週に半日の訓練以外は純然たるアカデミック教育を四年施している。学生は軍人に限らず一般社会からも入れるようになっており、軍人も制服を着用していない。

学生は連邦軍大学在学中に少尉に任官するので、任官する前後の学生にアカデミックな教育のみを施して学位を授与する機関である。従って、任官前の士官候補生を教育するという厳密な意味での士官学校とは言い難い。軍人が本校に入校して教育を受けると、以後十三年は軍に勤務しなければならない。

ミュンヘンの連邦軍大学は、一九七三年設立され、二〇〇一年に女子学生を受け入れたが二〇一〇年時点で女子学生は全体の約一〇％を占める。二〇〇七年から学士及び修士の学位を付与しており、課程数は十三コース、そのうち五コースが文系である。約四〇〇〇名の学生に対し約一八〇名の教授がいる。

修士取得を目指している学生の中には、日本の大学を卒業した学生もおり、会って何故連邦軍大学に入校したのかを問うと「学費が他の大学院と比べてかからないから」と答えていた。また連邦軍大学の校長も、民間他大学との競争が大変であると語っていた。

## ３　インド

首都ニューデリーから約二時間航空機で南下したプネという町に所在している。プネは学校が多い学園都市であると同時に、ＩＴ産業を多く誘致し、インドのシリコンバレーとか東のオックスフォードとか言われているが、実際に町を見て見るとインフラ等ではかなり遅れていることがわかる。
インド防衛大学（National Defense Academy）は一九四九年から六年をかけて建設され、一九五五年に創立した。広大なキャンパスには湖があり、海上要員はここでボート等の訓練を受けている。また校内に飛行場を持ち、グライダーや飛行シュミレーターもあった。学校長は中将、筆者が訪問した二〇一〇年には海軍中将で副校長が空軍准将であったが、その後学校長は陸軍中将に替わる等、陸・海・空で輪番制をとっている。

インド防衛大学
（先方のブリーフィングパワーポイントから）

　学校組織は副校長の下、総務部、訓練部、教務部、支援部の四部制で、学生隊は四個大隊、陸・海・空等の四個訓練チームに分かれている。陸・海・空学生の比率は65：13：22となっている。訓練内容は六五%がアカデミック、十三%が基礎訓練、八%が軍種別訓練、残りの十四%が水泳や馬術等の共通訓練である。卒業後は文学士あるいは科学学士（コンピューター科学も含む）が取得できる。専攻の十二学科中、半分の六専攻が文系であった。

学生は年に二回、一月と七月に入校させ、三年間の教育課程の後、それぞれの軍種に分かれた学校でさらに専門教育を一年間受けた後、少尉に任官する。学生受け入れ数は二一〇〇名、教官数はその約一割の二一〇名で、女子学生はいない。広大な敷地からか、学生舎は一人部屋である。

国際交流に関しては、約二五ヶ国から留学生を受け入れ、訪問した二〇一〇年の時点では合計八八名の留学生がいたが、留学受け入れに関しては学校長に決定権はなく、全て「ニューデリーの国防省と調整してくれ」と言われる。また国防省も、外務省の許可なく交換プログラムを進めることができない。従って窓口（Point Of Contact-POC-）となるべき学校職員との名刺交換も儘ならず、かなり閉鎖的かつ官僚的であるとの印象を受けた。このため二〇一二年からの一学期交流についての大筋合意がなされていたのに、未だ具現化されていない。日本のインド専門家達による『軍事大国化するインド』（亜紀書房、二〇一〇年発行）の巻頭言には「官僚主義とインドの政治行政文化ともいわれる決定遅延傾向」とあるが、その指摘は当を得ていると言える。

倫理綱領は、忠誠（Loyalty）、正直（Truthful）、信頼（Trustworthy）、高潔（Honest）、そして素直（Forthright）の五項目で「嘘をつくな、騙すな、盗むな」も付け加えられている。

# 4 日本

## 1．全般

日本では、防衛大学校を卒業して直ぐ任官する訳ではなく、それぞれの要員毎、陸・海・空の各幹部候補生学校で約一年間、軍種毎の教育・訓練を受けることから、四年間の防大と短期の軍種教育の組み合わせであり、混合型の範疇に属する。ドイツの場合、軍事訓練、語学教育、アカデミック教育、とブロック積み上げ的直列式であるが、防大では学業・訓練・体育・語学等を並列して教育している。

防衛大学校の学校長は歴代文官であり、四つ星（大将）クラスであるが、陸・海・空幹部候補生学校の校長は将補（少将）である。陸上自衛隊幹部候補生学校は福岡県久留米に、海上自衛隊幹部候補生学校は旧海軍兵学校があった広島県江田島に、航空自衛隊幹部候補生学校は奈良に所在する。

幹部候補生学校の教育期間は筆者が学生であった時代には海のみ一年と三尉（少尉）任官後の練習艦隊が約八ヶ月あり、陸と空に関しては約半年であった。陸と空に関しては、幹部候補生学校卒業後、部隊で隊付と呼ばれる見習い期間を約半年経て三尉に任官する。一九九〇年代に海の教育期間が国内巡航の期間を含めて一年に短縮されたが、二〇〇九年から再度幹部候補生学校だけで一年に延長された。候補生学校での教育内容は、任官して直ぐ役に立つ職能教育が主体で、教官も大半が自衛官である。

幹部候補生学校では、防大卒業生とほぼ同数の一般大学卒業生、また曹（下士官）から幹部に昇任する者等をも教育している。筆者が候補生の時には、海のみ一般大学卒業生と同じ分隊で教育し、陸・空幹部候補生学校は別々に教育していたが、二〇〇七年から陸も海と同様、一般大学卒業生も同じ区隊で教育し始めた。この関係で陸上自衛隊幹部候補生学校も九ヶ月に延長された。

ここでは幹部候補生学校については割愛し、防衛大学校のみ記述する。

## ２．防衛大学校

東京から南に約七〇㎞の神奈川県横須賀市にある三浦半島先端に位置することから北・東・南を海に囲まれ、西は秀峰富士を望む。東京湾口の戦略的要衝に位置し、かつてペリー提督が来航したとき、彼は沖にある猿島をペリー島と名付けた。

戦後に日本が主権を回復した直後の一九五二年に、当時の吉田総理大臣が設立、初代校長に慶應義塾大学の槇智雄教授を学校長とした。旧軍士官学校の教育が、ともすると精神偏重主義に陥り、なおかつ陸・海軍の抗争が激しかった反省を踏まえ、科学的思考力と幅広い視野、そして豊かな人間性の涵養を教育方針とし、かつ陸・海・空の統合士官学校とした。防大は小原台と呼ばれる、海抜約八〇ｍの高台にあることから、海上訓練場は東京湾に面した所に設けている。

防衛大学校の全景（広報用パンフレットから）

二〇世紀末からの情報革命に対応して、世界の軍は統合化の傾向にある。しかし各軍種には、それぞれの軍種益があって容易に統合化できない。例えば米国の場合には一九八六年にゴールドウォーター・ニコルス法を議会が制定して、政治の圧力によって統合化を達成したが、日本の場合には、統合化を決めた当時の各幕僚長が全て防大出身者かつ同期生であったことから、自衛隊内部から自発的に統合組織を作り上げた。二〇〇六年に統合組織となってから、本格的な統合任務部隊が東日本大震災で初めて出来上がり、震災対応に功を奏することになったが、その後北朝鮮の事実上の弾道ミサイル発射に際しても、統合任務部隊が編成されている。

設立当初は理工系の専攻のみであったが、一九七四年から文系学科が設けられた。また大学院に相当する研究科も一九六二年に開設された際は理工系のみであったが、一九九七年に総合安全保障研究科が、さらに後期（博士）課程も二〇〇一年に開設された時は理工系のみであったが、二〇〇九年に総合安全保障研究科にも後期（博士）課程が設けられた。

一九九二年に最初の女子学生が入校したが、二〇一二年時点で女子学生が全体に占める割合は約七％である。同年には本科卒業生に学士号が、研究科卒業生には修士号が与えられるようになった。二〇〇〇年に改編が行われ、六学群、十四学科制度になったが、十四学科のうち三学科は文系であるので約二割が文系となる。理工系学科のバラエティーという点では世界の士官学校の中でも豊かな方である。

冷戦終結後の国際平和維持活動の活発化に伴い、卒業生が世界各地に展開して任務を遂行することになったことから、二〇〇九年に本科学生は地域研究として世界の地域のうち、少なくとも一つの地域文化を履修することが義務づけられた。元来、こうした異文化理解に関しては、文系の一学科である人間文化学科が担当すべきなのであろうが、現実には同学科の教育内容は、かなり国内に焦点が当てられているように思われる。

教育の基本理念は、各国の士官学校同様、知・徳・体を三本柱としているが、他の士官学校と若干異なるのは、卒業して即戦力として使える初級士官の養成に焦点を当てるのではなく、将来将官となっても耐えうるような智的な器《うつわ》を、時間をかけて作り上げることに主眼を当てているため、アカデミックな一般教育を重視している。

学生総数は、二〇一二年時点で本科が二〇〇〇名弱、そのうちの約八〇名が留学生で、研究科学生数は約二〇〇名、そのうちの一割に相当する二〇名が留学生である。卒業生総数は二〇一二年時点で約二万四〇〇〇名に登る。教官の数は約三〇〇名で、このうち一五%に相当する約四五名が自衛官である。この外に学生隊の指導官、兼訓練教官である自衛官が約二五〇名、経理や輸送等に支援に従事する文官も約二五〇名いる。従って、教官対学生の比は1:7、学生隊の指導官（兼訓練教官）も入れれば1:3・6となる。

倫理綱領としては、八〜九期生（一九六四〜一九六五年の卒業）の時に、学生自ら自発的に学生綱領を定めた。これは廉恥、真勇、礼節の三項目からなり、その履行のため学生内に学生綱領委員会が設けられている。学科成績不良者に対して留年を一回のみ認めている制度があるが、世界の士官学校では成績不良者は即刻退校で留年は認められていない。

学校組織は学校長の下に、副校長が管理・企画担当、教務担当、そして陸将（中将）の幹事と三名おり、前二副校長は文官である。ちなみに二〇一三年時点での陸上幕僚長君塚陸将、及びその前任者である火箱元陸将は、数年前に防大の幹事であった。

その下に総務部、教務部、訓練部の三部が構成されているが、訓練部長が歴代海将補（少将）である以外の部長は文官である。また六つある学群のうち、防衛学教育学群長のみ自衛官の空将補（少将）であるが、残りの五つの学群長は全て文官である。

国際交流に関しては、一九五八年から海外からの留学生を受け入れ始めた。留学生は、当初一年間日本語を学んでから本科四年間のプログラムに入る。二〇一二年現在で累積約五〇〇名の留学生を輩出しているが、最大はタイからの約二〇〇名である。次は韓国であるが、最近韓国の留学生は研究科（大学院）の方にシフトしている。以下、ベトナム、インドネシア、シンガポール、モンゴルの順であるが、ルーマニアを除いて全てアジアの国である。

しかし、防大への留学は最初の日本語一年と本科四年に加え、幹部候補生学校約一年、それに海上の場合さらに約半年の遠洋航海が加わって、合計六年半にも教育期間が及ぶことから、最近シンガポールなどは学生を留学させなくなってきた。こうしたことを克服するための措置として韓国などは留学期間を二年に短縮、また逆に二〇〇二年から韓国空軍士官学校に一年間、防大生を派遣する制度が確立された。

一方で世界的な潮流としても、冷戦後のオペレーションが多国間協同で行われるようになったことを踏まえ、一学期交換学生制度が盛んになってきている。防衛大学校でも、一九九〇年代から米空軍士官学校と一学期交換制度を確立しようとしたが、覚え書き(Memorandum Of Understanding-MOU-)締結のために外務省を巻き込んでの調整の過程で頓挫し、ほぼ一〇年間暗礁に乗り上げてしまった。

筆者が二〇〇五年四月に防衛大学校に奉職してから、かつて交換教官を行っていた米海軍士官学校を最初に選び、かつて在米国防武

米海軍士官学校レンプト中将（当時）と校長公邸で（2005年9月撮影）

環太平洋士官学校校長会議参加者（2011年7月）

官であった時、弾道ミサイル防衛（ＢＭＤ）を担当していたレンプト海軍中将が当時学校長をしていたことから、彼と同年九月にアナポリスまで行って話をつけ、二〇〇六年秋学期から一学期交換制度を開始した。やり方としては外務省を巻き込む「覚え書き（Memorandum Of Understanding-MOU-）」を締結するのではなく拘束力のない「意図表明（Statement Of Intent-SOI-）」で行う方式を採用した。

このやり方がうまくいったため、翌二〇〇七年には米空軍士官学校と、また日本語を第二外国語として教育していない米陸軍士官学校とは時間がかかったが、二〇〇九年には開始された。翌二〇一〇年にはフランスの海・空軍士官学校及びカナダ統合士官学校と、二〇一一年には、これまで受け入れだけであった韓国陸・海軍士官学校にも１学期派遣すると共に米州立のヴァージニア・ミリタリー・インスティチュート（ＶＭＩ）やフランス陸軍士官学校に、さらには語学研修プラス訓練でドイツ陸・空軍士官学校に、アラビア語研修のためカタールにも約四ヶ月派遣することとなった。二〇一二年には、これにオーストラリア統合士官学校との一学期交換が、またロシア語研修のためモンゴル国防総合大学内の語学センターにも約三ヶ月派遣することとなった。仮に二〇一三年にインド及びロシアとの一学期交換が具現化するとすれば、二〇〇五年時点ではゼロであった一学期交換制度は二〇一三年時点で合計一〇ヶ国、十七士官学校に拡大することになる。

このほかの国際交流プログラムとしては、二~三週間、主要国に学生を派遣すると共に、先方からも受け入れる短期交流と、一九九〇年代中葉からは学生の国際士官候補生会議(International Cadet Conference-ICC-)及び教官の国際会議である国際防衛学セミナーを毎年開催している。さらに教官交流としては二〇一〇年から二年連続してカナダ統合士官学校との間で行った。そして二〇一一年七月には第四回目の環太平洋士官学校長会議を防大で開催した。

## 5　ニュージーランド

共通の短期基礎訓練の後、軍種毎の訓練を受けて、首都ウエリントンにある統合士官学校に一年間入校、その後再び軍種毎の訓練に戻るという、オーストラリア方式と類似したシステムを採っている。統合士官学校では訓練以外の一般学も教え、修士取得のプログラムもある。

第4章

# 考察

## 一、総　括

最も古い士官学校は英国海軍士官学校の一七三三年で、次いで同じ英国の砲兵・工兵学校は一七四一年に設立されている。しかし一般的に士官学校の歴史は、防衛大学校のように戦後創立されたものや第二次大戦まで植民地であった国の士官学校、そして戦後設立された多くの空軍士官学校を除き、一八世紀に創立されている。その理由は、それまでの戦いが主として市民がミニットマンになったように歩兵中心であった時代から、産業革命によって兵器が高度化し数学・物理といった高等教育が必要となってきたことに加え、特にヨーロッパでは貴族しか士官になれなかった時代から、一般人にも士官への門戸を広げた国民皆兵の時代的背景が由来しているように思われる。

各国とも士官学校には莫大な投資をして広大な敷地と立派な設備を誇っている。また、偉大な伝統の環境下に士官候補生教育を実施している姿が博物館の展示などで窺うことができる。日本の場合、先の大戦で旧軍の伝統が断絶している傾向があり、防衛大学校の記念館には旧陸軍士官学校（一八七四年創立）や海軍兵学校（一八七六年創立）の伝統が皆無である点は、今後検討の余地があるように思われる。例えば東郷元帥の胸像や遺品は日本の防衛大学校になくても、チリの海軍士官学校にはある。

士官学校の学生数によって、大雑把に、その軍の規模を推し量ることができる。即ち士官学校卒業生と、ほぼ同数の一般大学卒業生を幹部として任官させている各国の状況から、士官学校一学年の学生数に五〇〇を掛けると、概略その軍種の総員数が出てくるのである。例えば防衛大学校の海・空要員の学生数は一学年約一〇〇名であるので五〇〇を掛けると約五万という海上及び航空自衛隊の総員数が概略算出できる。米国の場合も、各士官学校の卒業時の学生数は一〇〇〇名弱であるので五〇〇倍すると、それぞれ五〇万前後の陸・海（海兵隊を含む）・空軍であることが判る。

チリ海軍士官学校の東郷元帥胸像。左翼は学校長、右翼は海軍省教育局長（2011年被撮影）

カナダ統合士官学校の学生数は一学年約二〇〇名で、カナダ軍の総兵力は約一〇万人である。これは軍の総員数を公表していない中国やベトナム等の社会主義国やロシアのように閉鎖的な国の軍総員数を推し量る一つの指標ともなり得る。

逆に、兵数五〇〇〇に満たない海・空軍の小国であれば、年間に要請する士官学校の学生は一〇名以下となるため、自国で教育機関を構築するよりは、主要欧米諸国に教育を委託する方が経済的となる計算になる。

各国の士官学校とも、知育（mental）・徳育（moral）・体育（physical）の三本柱を、バランスを保ちつつ教育を行っているが、多くの士官学校は防衛大学校ほど校友会活動と称する課外体育活動を活発に行ってはいない。従って、概して防大生の体力レベルは世界の士官候補生の中では高い方であると思われる。また居寝室の整理整頓や端正な容儀といった規律・躾の厳しさは、防衛大学校は世界の中でもトップ・レベルにあると思われる。

訓練に関しては、防衛大学校の場合入校生の約三分の一が水泳不能者のところ、ほぼ四ヶ月後の七月末には総員が八kmを完泳する。このことを、訪問した士官学校で述べると一様に驚きの声を上げる。韓国海軍士官学校では、防大を真似て八km遠泳を試みたが、二〇一一年時点では全員が八km泳ぐところまでには至っていない。防大の四学年陸上要員が夏期訓練で一〇一km行軍を行うことも各国士官学校では驚きの目で受け止められるが、ベトナムの陸軍士官学校では三〇kgの装備を背負って三〇〇km行軍を行うので逆にせせら笑われた。航空要員の訓練に関しては各国の空軍士官学校とも隣接地に広大な滑走路と駐機場を持ち、またシュミレーションを駆使した飛行技能訓練が盛んであるが、時間を掛けて技能を教え込む日本の場合、士官学校レベルでは、この面で遅れていると言える。

自主自立の精神という観点から考察すれば、欧米諸国の士官学校は相当発達しており、それと対極にあるのが教官主導による中国、ベトナム、アラブ諸国等の士官学校である。防衛大学校は、これらの中間といったところではなかろうか。しかし、規律正しさという点で防衛大学校の学生舎生活は、世界の士官学校に比しても最右翼と考えて良い。また対番制度と言ってマン・ツー・マンで一年先輩が後輩の生活指導等の面倒を見、期別を越えた交流制度を持っている点も他の士官学校には余り見られない。即ち団結や縦の繋がりが強固であるのは防大の特徴であろう。

日課については、どこの士官学校も同様で、朝六時頃起床し、朝食後午前中は教務、午後に教務と体育や訓練があり、夕食後は自習して一〇時頃に就寝というスタイルに大きな差はない。しかし殆どの士官学校は、起床・就寝時刻は強制ではなく、また勉学時間に制限を設けていないけれども、防衛大学校では就寝時間を延長する際には延灯届けを出し、しかも延灯時間にも制限がある。

## 二、統合、多国間及び他省庁間協力の傾向

世界の士官学校を概括して見ると、冒頭のカテゴリー分けでは、長期、即ち一般大学と同様の教育を施して学士（欧州のボローニア方式では修士）を取得させ、なおかつ軍事訓練をも施して四年（プラスマイナス一年）で卒業させ、少尉任官と言うカテゴリーが大半を占め、また軍種別か統合か、と言ったカテゴリー分けでは軍種別の士官学校が大半を占めることがわかる。

産業革命後のプラットフォーム中心の作戦では、確かにプラットフォーム、即ち戦車・軍艦・戦闘機といった「乗り物」に習熟するためには、軍種別の士官学校により若い時から、シー

マンシップあるいはエアーマンシップを体得させた方が良いのであろう。しかし、情報革命に伴うネットワーク中心の作戦が主流となり、各国とも軍の統合組織化が顕著になってきた今日、これまで通り軍種別士官学校としていた方が良いのか、それとも統合の士官学校として、若いときから軍種間相互の連携を緊密にした方が良いのかは議論が分かれるところであろう。

ただ共通して言えることは、これまで殆どの士官学校が軍種別であったが、そこに統合（Joint）化教育の傾向が見られ、また諸外国との交流（Multinational / Combined / Coalition）を盛んに行い始め、さらに陸軍士官学校の中には警察や軍警察を教育したり、海軍士官学校の場合には沿岸警備隊士官学校（Coast Guard Academy）や商船学校（Merchant Marine Academy）との交流を行ったり、またポーランドのように多くの民間人を士官学校に入れていることである。これは最近の軍事作戦が統合かつ多国間共同で、場合によっては他省庁との共同（Inter-agency）で行われていることと無関係ではない。

戦争を決定づけるファクターは、十九世紀までの国家間の戦争においては兵力、とりわけマン・パワーであったが、十九世紀の産業革命を経た二十世紀の同盟間の戦いにおいては産業革命によって武器が高度化し、弾薬や燃料が膨大な量必要となったことから、それらを生産する工業力が勝敗を決する重要なファクターとなり、それがさら今日では、敵の動きを事前に察知して適時・適切な対応をピン・ポイントでとる必要から、情報が効果的な作戦をする上で、決定的なファクターとなっている。

別の言い方をすれば、工業力によって生産された戦車・艦艇・戦闘機といったプラットフォーム中心の戦争が、今日の情報革命によって情報を伝達するネットワーク中心の戦争へと変化しつつあるとも言え、昨今の「軍事における革命（Revolution in Military Affairs-RMA-）」と相まって、陸・海・空の各プラットフォーム間での情報が共有化できることから、各国とも軍の統合（Joint）化が図られてきた。

また今日の安全保障環境は、一国だけで対応できる事象は何一つ無く、国際テロ組織への対応にせよ、大量破壊兵器の拡散対策にせよ、海賊対処にせよ、数多くの国連の平和維持活動にせよ、また地震・津波対応にせよ、サイバー攻撃対策にせよ、全ての軍事作戦は多国間（Multinational/Combined/Coalition）で行われていることから、各国とも語学力の向上のみならず、異文化、他地域に関する理解が、将来の軍事リーダーにとって必須となっている。

さらに9・11では最初に消防員が対応し、ロンドンやマドリードの同時多発テロでは警察が最前線に立たされた。将来仮に生物兵器テロが発生すると仮定すれば医療機関や感染症研究所のようなところが最前線に立たされることは間違いなく、航空機のハイジャック予防では運輸省との協力が、テロリストの入国防止のためには通関や出入国管理局との協力が、といったように省庁間協力（Inter-agency）が必要となってくる。今日では、単一軍種で完結するようなオペレーションは一つだに存在しないと言える。

## 三、即戦力型か一般学重視か

発展途上国の士官学校の殆どが、卒業後、即戦力として使えるように軍事学や訓練を重視した教育であるのに対し、防衛大学校ではアカデミックな一般教養を重視して、将来将官になっても耐えられるような智的な器《うつわ》を在学中に構築している。防衛学でも、相当高度な内容で、かつ佐官以上が教育に携わっている。従って、部隊で使えるようになるためには、防大卒業後、それぞれ陸・海・空の幹部候補生学校に約一年学び、ゆっくり時間をかけて初級士官を養成している。軍事技術対一般教養の比は世界の士官学校の一般的な傾向として、アカデミックな一般教養の比重が増加しつつある。また発展途上国であればあるほど軍事技術の比重が高い傾向にある。

各国の士官学校は「卒業したら即、部隊で任務を遂行しなければならない」という自覚が教務に対する切実感・緊張感から、授業前に指定された事前読書をしっかり読み、居眠りなどは考えられず食い入るように授業を聴く。これに対し、防大生は卒業後も幹部候補生学校というワンクッションがあるのみならず、卒業しても必ずしも自衛官になる義務を負わされていないため、学生のプロ意識や自覚・誇り、それに伴う勉学意欲や積極性・情報力は諸外国の士官学校学生に比し希薄であるように思われる。

教科内容の文系対理工系の比に関しては、陸軍士官学校は文系が大半を占めるのに対し、海・空軍士官学校では、理工系の方が多い。しかし、これも時代と共に変化しており、筆者がアナポリスの米海軍士官学校で交換教官を行っていた一九八〇年代には理工：文教育比が8：2であったのに、現在ではほぼ6：4となっている。カナダ統合士官学校に関しても、昔は8：2であったのが、現在ではほぼ半々となっている。この背景には、単に軍事技術だけでなく、二一世紀のグローバルな国際安全保障環境に対応する多国間作戦を遂行するために地域研究、異文化コミュニケーション能力、語学教育、国際関係、国際法規等のニーズが高まっているからであろう。

教官対学生の比率は、密度の高い教育ができるかどうかのバロメーターとなる。訪問した士官学校の中で最も高かったのはフランスと韓国の1：5であるが、これは学生隊の指導官（訓練教官も兼ねる）も含まれている。日本の場合、修士・博士号を取得する研究科も入れて学生約二〇〇〇に対し、教官数約三〇〇であるので1：7、学生隊の指導官（兼訓練教官）も入れれば1：3・6となり、世界でも最もケアーの行き届いた教育をしていることになる。米国の士官学校でも1：9であり、その他の国はそれより低い。

## 四、教官の文民・軍人比

即戦力となる初級幹部を養成するためには、教官の殆どは軍人である必要があるが、一般学を重視する場合には、一般大学と同じ教育の傾向を強くしなければならないため、文官教官の比率が増えてくる。軍人教官は刻々と変化する現場部隊のニーズを士官学校に齎し、卒業したら何が必要か、士官学校在学中に何を学んでおけばよいのかといった息吹を士官学校内に吹き込んでくれるのに対し、文官教官は教育の継続性（Continuity）を維持している。

殆どの士官学校の教官は、即戦力を学生に期待するため現役の軍人であるが、アカデミックな一般教育重視の場合、文民教官の比重は増えてきて、オーストラリア統合士官学校のように一般学の教育を民間大学に委託している所もある。教官の軍人が占める割合が最も低いカナダ統合士官学校でも約二割を占めているのに対し防衛大学校における教官の自衛官が占める割合は約十五％である。

従って防大は時間をかけて幹部を育成する一般学重視士官学校の最右翼に位置するように思われ、反面教務内容が部隊で活用する可能性が少ないような専門的かつ高度な内容が多すぎる傾向がある。このため学生にとっては現在行っている授業が将来本当に必要となってくるといった実感が沸いてこないのではなかろうか。

世界の他の士官学校の一般教育では基礎的な素養を重視しており、高度な専門教育が少なく、履修科目数そのものも防衛大学校に比べて少ない。防大の履修科目数が多いのは、文部省の学位授与機構で、四年間に一二八単位を取得しなければ学士が取得できないことが関係しているのであろう。防大から海外の士官学校に一学期派遣された学生と話してみると、教えている内容は防大の方がレベルは高いとする者が殆どである。

現場の息吹を吹き込んで即戦力を期待するのと、学問的深さ・継続性のバランスを考慮すると、米海軍士官学校のように文官対軍人教官の比は７：３程度というところが妥当ではなかろうか。一般論としては陸軍の士官学校より、技術を重視する海軍の士官学校の方が文官教官が多く、空軍士官学校の場合には逆に飛行技術が主となるため現役軍人の比率が増える傾向にある。発展途上国の場合は軍人が主たる教養人であることから、軍人比が高くなっているという背景もある。

これまで防衛大学校では修士・博士号を取得した卒業生が少なかったため、制服自衛官あるいは母校に愛着を持った卒業生OBが文官教官として母校で教鞭を執る機会が少なかった。とりわけ文系の教官は、二〇一三年時点で防大の卒業生教官はゼロである。このためか、学生が卒業研究のテーマを選定する際「そんな防衛学的なテーマを選択するな」と指導する等、防衛大学校設立の目的を履き違えているのではないかと思われる文系教官もいる。しかし研究科（大学院）が理工系のみならず文系にまで、また修士のみならず博士課程まで開設されてきた今日、文系教官も徐々に修士・博士号を取得した制服自衛官あるいは卒業生OBに替えていくべきではないかと思量する。

防衛大学校で毎年行っている外国士官学校研修成果報告会で、海外の士官学校に派遣された防大生が異口同音に述べるのは「防大生は外国の士官学校の学生に比べプロ意識が欠如している」という一貫した所見である。文官教官の比重が多いことが、本件に関係してはいないだろうか。文官教官の場合、学生が居眠りをしていても注意しない傾向がある。

世界の全士官学校の校長は大佐から大将までの軍人（退役も含む）である。筆者が訪問した士官学校の中では、チリ、オマーン、シンガポールの士官学校（訓練センター）のみ校長が大

VMIの校長ピー退役陸軍大将（元中央軍司令官）。退役した後も陸軍大将の制服を着ている。（2011年2月撮影）

佐で、それ以外は准将（一つ星）、少将（二つ星）、中将（三つ星）の場合が殆どであった。例外として大将（四つ星）がなったのは既述の米海軍士官学校ラーソン海軍大将のみであり、あとは米州立のヴァージニア・ミリタリー・インスティテュート（ＶＭＩ）のように退役大将が退役時の階級章を付けた制服を着て就いている場合もある。そして大半が、その士官学校の卒業生である。

カナダの王立統合士官学校のみ校長（Principal）は博士号を持った文官であるが、この校長は他の士官学校で言えば学科教育の責任者である教務部長（Academic Dean）に相当し、軍事訓練や学生隊生活等をも統括しているのは、彼の上司である准将の司令官（Commander）で、この司令官がカナダ王立統合士官学校の対外的な代表者である。

防衛大学校のように学校長が歴代文官である士官学校は世界に例がなく、日本全体から選ぶ方式は極めてユニークである。また世界の士官学校では副校長が存在する士官学校は余りなく、防大のように副校長が三名いて、うち二名が文官という士官学校はない。企画・管理部門を担当する総務部長の上に管理担当副校長が、教務を担当する教務部長の上に教務担当副校長が、訓練・服務を担当する訓練部長の上に幹事が、といった屋上屋を重ねるような組織にしている士官学校は世界広しといえども防大だけである。教務担当副校長を始めとして教務部長、学群・学科長といったキーメンバーを選挙で決めている士官学校も世界にはなく、図書館長が部長クラスという士官学校もない。本館に三桁の人員を入れて管理している防衛大学校は、米海軍士官学校の簡素な本館（一〇七頁）を見習うべきであろう。

世界の士官学校組織は、任務である知（mental）・徳（moral）・体（physical）の教育をシンプルに組織化している。このモデルは米空軍士官学校で知・徳・体教育をそのまま組織化しており、学校長の下、徳育を担当する学生隊長（Commandant）、知育を担当する教務部長（Dean）、そして体育を担当する体育学部長という三本柱となっている。このうち学生隊長（訓練部長）は例外なく軍人である。教務部長は米陸・空士官学校では軍人（准将）であるが、海軍士官学校では文官といったように士官学校によって異なる。体育は教務部と校友会活動を担当している訓練部（学生隊）の両方に入り込んでいる場合もあり、他に管理・支援を担当する総務部を設けている学校もある。

最も文民優位のカナダに日本大使館のアタッシェとして、これまで防衛省から文民を送っていたが、カナダ側が「制服自衛官を派遣して貰いたい」といった要望が長年に亘ってあったため、二〇一〇年から在米国の防衛駐在官がカナダをも管轄することとなった。カナダ側が制服自衛官を派出して貰いたい理由は「同じカルチャーで話ができるため」であった。

軍人は「国家緊急の際に命を差し出すこと」を誓った集団であり、その共通の価値観で結ばれ、かつ「任務と部下を第一に考え、時間厳守」といったカルチャーがある。どちらかと言えば政治家は集票第一、官僚は保身第一、学者は業績第一に考える傾向があり、このため「官僚や学者を育成するのではなく士官を養成する目的の学校長は士官（出身者）」という原則を世界の士官学校では例外なく守っている。

また筆者が長年文官と付き合って最もフラストレートするのは、彼らが時間を守らず諸行事の開始・終了時刻を無造作に遅らせ、かつ朝の出勤も遅いことである。筆者は防衛大学校に奉職して八回の卒業式を見てきたが、事前に定められたタイムスケジュール通り履行された試しがなく、必ず毎年予定した終了時刻を二〇〜三〇分オーバーする。前年度に二〇〜三〇分の遅れを生じたら翌年度は、それを踏まえたタイム・スケジュールを立てれば良いのに八年間同じ遅れが繰り返されるということは一体どういうことなのか？　五分の遅れによりミッドウエー海戦に負けたと言われる海軍の末裔として我慢ができない。将来の幹部自衛官になる士官候補生に、また全自衛隊の範を示さなければならない唯一の士官学校が「時間は守らなくても良いのだ」と上層部が身を以て示しているという悪弊が生じている。

各国を訪問する際、事前調整の段階で学校長が文官だと判ると途端に対応が悪くなり、四つ星（大将）レベルだと言っても、応対者のレベルを下げてきて損をすることが多かった。カナダの統合士官学校では、本来のカウンターパートである司令（Commander）ではなく校長（Principal）が対応するというボタンの掛け違いが、交流に関して後々まで後を引いた。米国の士官学校幹部からは、日本の士官学校校長が文官であることに対する疑念を何回も聞いている。かつての校長の中には防衛大学校の教育に軸足を完全に置かず、週の半分以上を防大以外の仕事に費やしていた校長もいた。

一学期交換学生を選抜する面接試験で、防衛大学校が他の士官学校と異なる点を挙げさせると、学生は学校長が文官であることを挙げるが、その理由を問うと異口同音に「シビリアンコントロールの国だから」と回答する。それでは「米英を始めとする世界の士官学校の校長は例外なく軍人であるが、これらの国はシビリアンコントロールの国ではないのか？」と問うと学生は回答できない。

先の大戦の教訓により、防衛大学校創立時には初代校長に槙先生をお迎えして、旧軍の弊害であった精神偏重主義や偏狭な視野、特権意識を持って威張る軍人の短所を矯正する意義は、その時点では大いにあったであろう。しかし、その教育を受けた防大卒業生が各自衛隊のトップに就いて久しく、また防衛大臣にも防衛大学校卒業生が二名就いた今日、果たして文官の校長を継続する意義はあるのかどうかの議論は必要であると思われる。

## 五、垂直・水平へ教育の広がり

軍の任務の多様化傾向から士官に対する知的な要求が高まっており、士官学校における教育が垂直・水平方向への広がりを見せているのが最近の傾向と言える。

垂直方向への広がりについては、単に戦闘に勝つだけでなく地域の安定協力等のためといった任務が増えたことから、防衛大学校では過去、修士そして博士課程を開設してきており、それが理工系のみならず文系にまで及んでいる。欧州の長期士官学校ではボローニア方式と称して、卒業時に修士が取得できるような制度になりつつあり、タイの海軍士官学校でも二〇一二年から修士課程を設け始めた。

水平方向に関しては、多国間による任務遂行を効果的に実施するため、各国士官学校とも国際交流を積極的に行っていることがわかる。最も海外からの学生を受け入れているのは英国の士官学校で、全体の一割を超えている。またフランスでは、全学生が少なくとも二ヶ月、外国での教育・訓練を受けることが定められている。米国は一学年入校時約一二〇〇名当たりの外国人留学生の数を六〇名以下と法律で定めていることから約五%の学生は留学生となる。韓国陸軍士官学校でも約一〇〇名のグループを短期、二年生時に日本に、三年時に中国に、四年時には米国に派遣するプログラムを開始した。

防衛大学校は、研究科も含めると約二〇〇〇名の学生のうち、約一〇〇名が留学生であるので、外国人比率はほぼ五%になる。次に留学生が多いのがフランスで三%強、他の国はそれ以下である。英国は短期教育であり、一学期交流や短期交流、それに国際会議といったバラエティーに富んでいないので、日米仏韓の士官学校は最も国際交流に力を入れていると言えるのではなかろうか。それでも米国やフランスの士官学校と比較すると、日本は国際文化を認識する機会は少ない。米国の士官学校は防衛大学校の約倍の学生数であり、既述したように年間に国際文化を認識する機会が二〇一二年現在で四二〇名（約一割）に与えられ、二〇一五年までには、それを七〇〇名（一六％）に拡大する予定であるが、防衛大学校で海外に派遣される学生数は、短期を含めても二〇一二年時点で四八名、二〇〇〇名弱の本科学生の二・四％に過ぎない。海外に出て異文化に触れることの意義は、自国を見直し再認識する良い機会になることである。

国際交流に必須な英語に関しては、世界の士官学校は大変な力を注いでいると言える。ＴＯＥＩＣで言えば、フランスが八〇〇点前後を、韓国でも七〇〇点以上取得を目指している。この点、防衛大学校の英語のレベルは国内の大学の標準からすればそこそこであろうが、ＴＯＥＩＣ七〇〇点を取ればバッチを付けさせて喜んでいるレベルであるので国際的に比較すれば極端に低い。四学年の必須科目には「国際情勢と安全保障」というコースがあり、同じ内容を英語で教えるクラスを設けて筆者が教えていたが、毎年希望者は数名しかいない。森本前防衛大臣は防衛大学校創立六〇周年の開校祭で「諸君らの競争相手は世界の幹部候補生である」と訓示したが、防大のライバルは国内の大学ではなく、世界各国の士官学校であることを考えるとお寒い限りである。防大では部外に意見を発表する際「部外発表届け」を提出し事実上の検閲

オマーン海軍司令官ライシ海軍少将と
（2010年11月被撮影）

を受けなければならないが、国際会議でのプレゼンテーション資料は全て和訳文を添付するように義務づけられている。学生に英語の重要性を説かなければならない学校の上層部に「英語を解しない」人を配しているという学校の管理体制にも問題があるように思われる。筆者は、防大と平行して政策研究大学院大学でも勤務していたが、政策研究大学院大学では、全ての情報伝達が英語と日本語両方で行われており、上記のような問題は全くない。

　国際交流を推進する際に、問題となるのは国の開放度・透明度が高いか否かである。開放度は、色々なバロメーターがあるが、一つは調整の難易度が挙げられる。例えば中東四ヶ国訪問に関しては数ヶ月前から各国の大使館を通じて調整を開始していたが、日本出発までに、現地での日程が確定できたのはカタールのみであり、トルコでは陸・海・空士官学校の受け入れは受諾されていたが細部日程については決まっておらず、エジプトは入国二日前になって受け入れの受諾と日程が決まり、オマーンに至っては到着日までに士官学校訪問の受諾が受けられず、到着日に面談できた海軍司令官に直訴してようやく海軍のみ翌日の訪問が可能となった。

開放度の二つ目のバロメーターとしては、士官学校と直接コミュニケーションが取れるかどうかである。ロシアを始めとして現在も社会（共産）主義国である中国やベトナムは勿論のことエジプトやトルコに関しても学校長との名刺交換すらできず、全て防衛駐在官から軍（国防省）の武官連絡室を通してでないと訪問の礼状すら郵送することができない。ましてやＥメールは御法度である。

従って、欧米諸国との一学期交換のように学校長同士が合意文書を取り交わすことができず、政府間の合意文書がなければ軍とその隷下の士官学校は動けない。こうした国々ではブリーフィング資料を貰うのにも一苦労し、英文のカリキュラムなども貰えない。中露、ベトナムは勿論のこと、トルコ陸軍士官学校でも学校の概要説明パワーポイントすら「規則上渡すことができない」と断られた。

三つ目のバロメーターとして写真撮影可能かどうかがある。ロシア、エジプト、トルコに関しては原則として禁止、中国では部分的に禁止である。トルコはそれでも自由度があったが、エジプトは軍事施設の写真撮影は禁止されている。カタールとオマーンに関しては、写真撮影は問題なかったし、西側諸国の士官学校で写真撮影は全く問題ない。

冒頭に記述した、国際交流のニーズの高まりに伴い、今世紀に入ってから士官学校の国際会議が活発化している。

陸軍士官学校の国際会議のイニシアティブをとったのは韓国とフランスである。彼らは陸軍

第２回ISoDoMA（フランス陸軍士官学校にて2009年５月）
筆者は最後列右から四番目

中国人民解放軍理工大学における国際士官学校長会議。筆者は前列中央左。その二人左が米陸軍士官学校長で、二列目左から七番目の女性が同校の戦略的コミュニケーション担当官（2011年10月）

士官学校発展国際シンポジウム（International Symposium on the Development of Military Academies-ISoDoMA-）と呼称する国際会議を立ち上げ、最初の会議を二〇〇七年に韓国士官学校で行った。この時には十二ヶ国の陸軍士官学校（陸軍士官学校がない国に関しては統合士官学校）の代表が集まった。第二回目はフランスの陸軍士官学校で二〇〇九年に行われ、この時には「非正規戦」をテーマに二十四ヶ国が参集した。第三回はコロンビアの陸軍士官学校で二〇一一年に行われ六十五ヶ国が参加している。

これとは別に中国が士官学校長等会議を二〇一一年に南京にある理工大学で「情報化時代における陸軍士官の養成」をテーマに開始、中国国内の六つの陸軍士官学校を含め、国外からはオーストラリア、カナダ、フランス、ドイツ、日本、韓国、トルコ、米国の九ヶ国が参加した。

海軍士官学校の国際会議は、これよりも早く二〇〇一年に環太平洋諸国で始まった。最初の開催国は、陸軍同様、韓国であり鎮海にある海軍士官学校で行われた。その後、9・11やSARSの影響から第二回の開催が遅れたが、二〇〇六年にアナポリスにある米海軍士官学校で、第三回が二〇〇九年にシンガポールのSAFTIで行われ、約七ヶ国の海軍あるいは統合士官学校長が参加した。二〇一一年には第四回が防衛大学校で行われたが、上記七ヶ国に中国、チリ、カナダが加わり一〇ヶ国が参加した。次回は、これにロシア、ベトナム、ニュージーランドを加えて二〇一三年に中国の煙台にある海軍航空工程大学で第五回が、二〇一五年にはマレーシアで第六回が行われる予定である。こちらも参加国は増大の一途を辿っている。

## 六、徳　育

殆どの士官学校で教育している倫理徳目の最大公約数を挙げてみると、まず忠誠心、勇気、礼節、信頼、誠実といった項目が挙げられる。これらの徳目は、質素を除き旧日本軍の軍人勅諭と全く同じである。なおサンシール仏陸軍士官学校内の倫理センターでは質素（frugal）の徳目を入れており、東日本大震災後、資源の少ない日本において原子力発電所を停止し、なおかつ地球温暖化への影響を食い止めるために化石燃料消費を抑えなければならないことから節電・節水といった質素・倹約の徳目が見直されている。

韓国の倫理項目「智、仁、勇」は、二〇〇〇年以上も昔の『孫子の兵法』計篇第一にある軍人の到達すべき徳目「智、仁、勇、信、厳」のうちの最初の三項目に由来している。従って軍人として身に付けなければならない徳目は、時代の古今と洋の東西を通じて同じであると言える。

米国や韓国、フィリピンの士官学校のように、このうちの「信頼」を具体的に実践するために判りやすく「盗むな、嘘をつくな、騙すな」といった具体例で示している場合もある。韓国の場合『孫子の兵法』の五項目のうち信と厳を抜いているのは、米国士官学校と同じく「盗むな、嘘をつくな、騙すな」を取り入れているので、それでカバーされていると学校長が言っていた。

防衛大学校では、一九六五年に卒業した九期生が自発的に学生綱領を定めた。その内容は

「廉恥、真勇、礼節」の三項目である。中国人民解放軍の理工大学で防大の紹介をした際、この学生綱領を説明したら、理工大学の学生が「この中に忠誠という項目がないのはおかしい」と質問してきた。ちなみに理工大学の倫理徳目は「忠誠、博識、卓越」の三項目である。元々、戦後間もない昭和三十六年に制定された「自衛官の心がまえ」にすら「忠誠」や「武勇」の言葉は見当たらない。

筆者は防衛大学校を一九七〇年に卒業したが、卒業式で当時の大森学校長は、新しい時代の軍人像として軍人勅諭について言及したところ、国会で野党議員の「軍国主義」「時代遅れ」という追及を受けて辞任した。戦後間もない、過去の一切を否定する振り子の振れが激しかった時代から、昨今は再度軍人倫理についても再考すべき時であるように思われる。行き過ぎた振り子を戻す件に関しては、旧軍の精神主義を排するために防衛大学校が理工学中心のカリキュラムとしたのは正しいとしても、世界の士官学校に比し余りにも理工系専攻の比重が大き過ぎる点も挙げられる。

米国三軍士官学校の立派な教会を始めとして、各国の士官学校には当該国の主要宗教礼拝施設があり、それが徳育（Moral）の重要な柱となっている。当然、こうした宗教施設の建設には国家の税金が使用されているのに間違いはない。旧陸軍士官学校には雄叫神社が、海軍兵学校には八方園神社があったが、戦後は防衛大学校にせよ幹部候補生学校にせよ、神社は御法度である。自分よりも偉大な存在の前に額ずく時は誰も威張る人はおらず、敬虔な気持ちになって徳育上の良き施設となるのであるが、この点についても戦後の振り子の触れ過ぎを感じさせる。

## あとがき

二〇一一年の秋に、これまで防衛大学校に約五年間の留学生を派遣している東南アジア諸国を学校長と共に歴訪した。留学生を受け入れるようになった一九五八年以降の累積として、これまで防大は約五〇〇名の留学生を受け入れているが、最大の受入国はタイであり二〇〇名を超えている。在タイ日本大使の計らいで、卒業生を家族共々大使公邸に招待してのレセプションが行われたが、約七〇名が集まり、最年長の六期生は、感極まって途中絶句しながら感謝の辞を述べていた。在タイ日本大使からは「これほどまでに親日的な人たちが軍に居るということは日本にとっての一大資産である」との感想を聞いた。訪タイの翌月、防大二十三期生海上の二人が揃って海軍中将（現在副参謀長と教育訓練局長）に昇進し、また一年後の二〇一二年十月に二十六期生の一名が空軍中将（作戦担当の参謀長補）になったことから、二十七期生の海軍少将を含めると、二〇一三年時点でタイ王国軍の防大卒業生は四名の将官を輩出していることになる。

インドネシアでも一〇時間の夜行列車に揺られながら、勤務地であるバンドンから空軍士官学校があるジョグジャカルタまで来てくれた五名の卒業生が居た。彼らは一様に防衛大学校を

在タイ日本大使館に集まった防大卒業生とその家族
中央右は小島大使（2011年9月）

シンガポールにおける防大卒業生とその婦人（2009年6月撮影）

第二の心の故郷と認識して感謝の念を抱いており、本国と日本との架け橋となる偉大な遺産である。

二〇〇九年六月に第三回環太平洋士官学校長会議のためにシンガポールに行った際も防大卒業生と、その夫人約三〇名が集まり、大変盛り上がったことを記憶している。

ブラジル空軍専用機に乗り込む前の空軍士官学校の栄誉礼（2010年2月撮影）

二〇一〇年二月にブラジルの三軍士官学校を訪問した際、サンパウロからブラジル空軍士官学校往復の交通便に空軍の専用機を使用する決断を下してくれたのはブラジル国防省戦略局長の空軍大将であったが、彼の判断の背景には若い頃防衛大学校に滞在したことがあり、その時の好印象があることが判った。いかに若いときの好印象が、その後の人生の意思決定に影響するかを示す好例である。士官学校の国際交流の成果は極めて偉大であることを思い知らされた。

最終章で士官学校の国際比較に関し総括をしてみたが、思うに第二次大戦の後遺症から、戦後は振り子が極端に逆方向に振れ過ぎたように思われる。それが旧軍の伝統断絶であり過度の文民優位であり、

「自衛官の心構え」を始めとする倫理徳目にも現れている。二〇一三年一月に発生したアルジェリアの人質事件以降、防衛駐在官制度の見直しに関しても議論が巻き起こっているが、本制度にも戦後の行き過ぎた振り子を感じさせる。東日本大震災における自衛隊の活動に伴い、こうした傾向が多少なりとも是正されつつあるように思われるが、未だに先の大戦の後遺症を引きずっているような気がしてならない。士官学校の国際比較は、それを示す一つの縮図であり、日本の常識が世界の非常識となっていないかどうか再点検すべき時が来ているのではないかと思われる。

よく防衛大学校への批判で、「こんなことをしている士官学校は世界どこにもない」といった表現が見受けられるが、本当に世界の士官学校のことを周知して言っているかどうかは眉唾の記述が多い。

今回の本の出版に際しては、芙蓉書房出版の平澤公裕氏に大変お世話になった。ここで深甚な感謝の意を表したい。

著　者

**太田 文雄**（おおた　ふみお）
昭和23年東京生まれ。昭和45年防衛大学校卒（14期）。昭和55年～57年米海軍兵学校交換教官。平成４年スタンフォード大学国際安全保障・軍備管理研究所客員研究員。平成５年～６年米国防大学学生。平成８年から約３年間、在米日本大使館国防武官。平成13年から17年まで防衛庁情報本部長。平成15年ジョンズ・ホプキンズ大学高等国際問題研究大学院にて国際関係論博士号取得。平成17年退官（元海将）。以後、防衛大学校教授兼政策研究大学院大学連携教授。平成25年３月定年退官
著書：『「情報」と国家戦略』『日本人は戦略・情報に疎いのか』『同盟国としての米国』『国際情勢と安全保障政策』（以上、芙蓉書房出版）、*The US-Japan Alliance in the 21st Century*（Global Oriental 社、2006年）等。

世界《せかい》の士官学校《しかんがっこう》

2013年 5月25日　第１刷発行

著　者
太田《おおた》 文雄《ふみお》

発行所
㈱芙蓉書房出版
（代表 平澤公裕）
〒113-0033東京都文京区本郷3-3-13
TEL 03-3813-4466　FAX 03-3813-4615
http://www.fuyoshobo.co.jp

印刷・製本／モリモト印刷

ISBN978-4-8295-0585-4

# 日本人は戦略・情報に疎いのか

太田文雄著　本体 1,800円

情報センスと戦略的判断力、倫理観をどう養っていくのか？　日露戦争の戦勝によって生じた傲慢さのために日本人の戦略・情報観は歪められた。本来日本人が持っていたすばらしい戦略・情報・倫理観を古事記・戦国時代にまで遡って説き明かす。

# 情報戦争の教訓

佐藤守男著　本体 1,500円

大韓航空機撃墜事件（1983年）当夜の自衛隊「当直幹部」が、日本がなぜ情報戦争に遅れをとってしまうのかを、42年の情報勤務経験から振り返る。

# 危機管理の理論と実践

加藤直樹・太田文雄著　本体 1,800円

朝鮮半島情勢、中国の海洋進出、テロ、災害……。さまざまな危機をどう予知し、どう対処するか？　「人間の安全保障」という戦略を実現するための戦術としての“危機管理”を理論と実践の両面から検証する。

# 原爆投下への道程

## 認知症とルーズベルト

本多巍耀著　本体 2,800円

原子力は、平和利用に封印をほどこして開発されたものである！　恐怖の衣をまとってこの世に現れ、広島と長崎に投下された原子爆弾はどのように開発されたのか。世界初の核分裂現象の実証からルーズベルト大統領急死までの６年半をとりあげ原爆開発の経緯とルーズベルト、チャーチル、スターリンら連合国首脳の動きを克明に追ったノンフィクション。マンハッタン計画関連文献、アメリカ国務省関係者の備忘録、米英ソ首脳の医療所見資料など膨大な資料から政治指導者の病気の影響も見えてきた。

# 海軍良識派の支柱 山梨勝之進

## 忘れられた提督の生涯

工藤美知尋著　本体 2,300円

日本海軍良識派の中心的な存在でありながらほとんど知られていない海軍大将の生涯を描いた初めての評伝。ロンドン海軍軍縮条約（昭和５年）締結の際、海軍次官として成立に尽力した山梨勝之進は、米内光政、山本五十六、井上成美らに影響を与えた人物。